Cadernos de TTO

Blucher

Cadernos de TTO, n°3

Organizadores: Laerte Idal Sznelwar

Fausto Leopoldo Mascia

Autores: Júlia Issy Abrahão

Laerte Idal Sznelwar

François Hubault

Bruno Maggi

Giovanni Rulli

Comitê de redação de TTO

Afonso Carlos Correa Fleury
Fausto Leopoldo Mascia
Guilherme Ary Plonski
Laerte Idal Sznelwar
Márcia Terra da Silva
Mario Sergio Salerno
Mauro Zilbovicius
Roberto Marx
Uiara Bandineli Montedo

Blucher

Rua Pedroso Alvarenga, 1245, 4º andar
04531-012 – São Paulo – SP – Brasil
Tel 55 11 3078-5366
contato@blucher.com.br
www.blucher.com.br

Segundo Novo Acordo Ortográfico, conforme 5. ed. do *Vocabulário Ortográfico da Língua Portuguesa*, Academia Brasileira de Letras, março de 2009.

É proibida a reprodução total ou parcial por quaisquer meios, sem autorização escrita da Editora.

Todos os direitos reservados pela
Editora Edgard Blücher Ltda.

Ficha Catalográfica

Cadernos de TTO, nº 3: trabalho, tecnologia e organização /
 Júlia Issy Abrahão ...[et al]; Laerte Idal Sznelwar, Fausto Leopoldo Mascia (organizadores) -- São Paulo: Blucher, 2012.

ISBN 978-85-212-0619-4

1. Serviços ao cliente. 2. Centros de atendimento ao cliente. 3. Ergonomia. 4. Produção. 5. Trabalho. I. Abrahão, Júlia Issy II. Sznelwar, Laerte Idal III. Hubault, François IV. Maggi, Bruno V. Rulli, VI. Giovanni VII. Mascia, Fausto Leopoldo

12-0210   CDD 658.812

Índices para catálogo sistemático:
1. Serviços ao cliente

Prefácio

Com o intuito de dar continuidade ao projeto da Coleção Cadernos de TTO, uma coleção dirigida para temas de Tecnologia, Trabalho e Organização, apresentamos este novo volume, o terceiro da coleção, no qual propomos a leitura de três textos redigidos por autores que trabalham em colaboração com o grupo de pesquisas TTO do Departamento de Engenharia de Produção da Escola Politécnica da Universidade de São Paulo.

Os textos tratam de temas relacionados com o trabalho, o desenvolvimento de sistemas de produção, a saúde dos trabalhadores, a gestão de projetos em relação a questões de ergonomia e a transferência de modelos de organização. Assim, procuramos manter a linha editorial, baseada em um amplo leque de temas que correspondem tanto à proposta original da coleção, que começa a ganhar corpo após a realização do I Seminário

Internacional sobre o futuro do trabalho, realizado em 2004 na Escola Politécnica da USP, como às pesquisas desenvolvidas no campo em questão.

Manter um veículo editorial para colocar em público temas e ideias que, muitas vezes, têm pouca circulação mas que podem ser úteis nos debates relativos ao trabalho, ao desenvolvimento tecnológico e a questões organizacionais, questões significativas para o desenvolvimento das pessoas, das instituições e da sociedade, é um dos principais objetivos desta coleção. O formato dela (pequenos volumes com três capítulos em cada um) foi adotado para tentar tornar mais ágil as publicações e manter um fluxo contínuo de edições que mantenha vivo esse debate no espaço público. Apesar de ser uma ideia inicial e de ter sua organização feita por professores e pesquisadores do Departamento de Engenharia de Produção da Escola Politécnica da Universidade de São Paulo, essa coleção conta com a cooperação de pessoas ligadas a diferentes instituições, no Brasil e em outros países.

Assim, os capítulos deste volume tratam de temas variados e estimulantes, como os desafios do trabalho e da produção em centrais de atendimento, tendo como base os princípios da antropotecnologia. Outro tema tratado diz respeito às contribuições da ergonomia com relação a projetos em arquitetura e, para finalizar, há um capítulo que trata de questões relativas ao serviço sanitário italiano, baseado em conceitos do Agir Organizacional.

Convidamos todos os interessados a desfrutar dessas leituras.

Prefácio · 7

Segue uma breve apresentação do TTO

Desde o final dos anos 1970, o Departamento de Engenharia de Produção da Escola Politécnica da Universidade de São Paulo vem desenvolvendo atividades de pesquisa ligadas à questão da organização do trabalho. Discutindo os relacionamentos entre organização e tecnologia e focando no objeto analítico "trabalho", constituiu-se o grupo TTO, em 1994. Muito antes, no entanto, em 1983, foi publicado o livro "Organização do Trabalho"[1], que passou a ser referência acadêmica no assunto, relatando estudos e pesquisas realizadas, até aquele momento, por pesquisadores do Departamento e outros que se interessavam pelo assunto.

Ao longo dos anos 1980 e meados dos anos 1990, diversas pesquisas foram realizadas, em conjunto com pesquisadores do exterior e também da USP (nas áreas de sociologia e de administração), Unicamp e UFSCar. Essas pesquisas giravam em torno de questões ligadas ao universo da gestão de processos de produção no âmbito da empresa (formas organizacionais, Taylorismo, Fordismo, relações humanas, abordagem sóciotécnica), estabelecendo vínculos com questões de caráter mais macro (mudanças econômicas e sociais). Muitos dos trabalhos realizados pelo grupo que se uniu em torno do TTO ou em outras instituições estavam interligados por uma preocupação com a necessidade de modernização das condições e da organização do trabalho em sentido

---

[1] FLEURY, A. C. e VARGAS, N. *Organização do Trabalho*. São Paulo: Editora Atlas, 1983.

amplo, procurando identificar experiências que pudessem superar as limitações do referencial universal taylorista-fordista até então vigente, seja no espaço da empresa, seja no nível societal.

No início dos anos 1990, surgem no panorama empresarial as técnicas japonesas de organização da produção, ao mesmo tempo em que se abre, no Brasil, um novo período social e econômico, que envolve a redemocratização do país e sua inserção no processo chamado de globalização, tanto em termos financeiros como comerciais e produtivos. Neste período, o TTO passou a focar questões ligadas à estrutura organizacional das instituições, às mudanças tecnológicas, à discussão de modelos de gestão, aspectos mais macro que, de uma forma ou de outra, produziram efeitos em relação ao trabalho. No esteio dessas mudanças, o setor de serviços também passou a ser objeto de análise, dada a importância que o mesmo passou a ter no cenário da produção e na geração de novos empregos. Com relação ao ato de trabalhar, suas consequências para os sujeitos e para a produção, assim como para o projeto do trabalho na produção, as pesquisas do grupo ficaram restritas aos trabalhos inspirados na ergonomia e, mais recentemente, na psicodinâmica do trabalho.

As mudanças no cenário da produção nos últimos 20 anos trouxeram grandes desafios com relação ao entendimento dos fenômenos que direta ou indiretamente afetam o trabalho das pessoas. A consolidação do Japão como potência industrial e econômica, a disseminação de novas técnicas de organização da produção e do trabalho baseados no "modelo japonês", assim como a introdução de conceitos oriundos da denominada "produção enxuta", desenvolvida no MIT (Massachusetts Institut of Technology), trouxeram novos referenciais para as empresas, que impulsionaram mudanças significativas nas suas práticas de organização e gestão. Esses referenciais novos adotados nas empresas trouxeram novas questões para a academia, dentre elas destacamos se na sua essência esses novos modelos representariam uma ruptura com a até então hegemônica tradição taylorista-fordista. Se o modelo taylorista-fordista estava fortemente baseado em estudos do trabalho, assim como estes novos paradigmas tratariam esta questão, este ainda seria considerado como um dos pilares da produção e, portanto, determinado a partir de novos conceitos? Seria a evolução do cenário da produção uma consequência esperada do modelo taylorista-fordista, em que as novas maneiras de organizar, junto com a introdução ampla de mecanismos automatizados, traria finalmente uma redução drástica da dependência da produção com relação ao trabalho humano?

Além disso, o mundo econômico e social passou por profundas transformações, que afetaram o modo como se trabalha e como se organiza o trabalho em todas as partes do globo. Sem entrar nas diferentes análises de seus impactos, é possível apontar o enorme aumento das transações comerciais internacionais, o gigantesco aumento das transações financeiras e da mobilidade e liquidez do capital, o crescimento das atividades de serviços – propriamente ditos ou que passaram a estar dissociados da atividade industrial, o surgimento de atividades e funções de maior "conteúdo intelectual" –, mas não necessariamente gerenciais, dentre outros, como fenômenos que afetaram profundamente o campo do trabalho.

De certo modo, a pesquisa na área ao identificar estes fenômenos e outros a eles associados (o volume de terceirização, a reorganização de cadeias produtivas, a entrada em cena de países antes isolados da economia global, como a China, a Índia e o sudeste da Ásia) passou a tomá-los como objetos de pesquisa, para compreender seus impactos nas organizações e no trabalho. Sua complexidade, e a variedade de interpretações existentes, não imunes, inclusive, a matizes politicamente determinados, provocou um certo afastamento do objeto original.

Em paralelo a este fato, observa-se o desenvolvimento de pesquisas em áreas do conhecimento em que o objeto trabalho é a sua finalidade central, senão única. Destacamos as pesquisas em ergonomia, em psicodinâmica do trabalho e na sociologia do trabalho. Apesar de serem diferentes na maneira de olhar e nas ações propostas, a questão central é a mesma. Os diferentes resultados obtidos podem ser considerados como pontos de vista diferentes sobre o mesmo objeto, fato que permite a existência de uma quantidade significativa de dados sobre as consequências do trabalhar e também a elaboração de propostas transformadoras. Entretanto, na medida em que o trabalho deixa de ser foco nas áreas de conhecimento da produção, da organização e da gestão das empresas, não estaríamos presenciando um fenômeno de aprofundamento da cisão entre as disciplinas? Como consequência, se as questões do trabalho estariam relegadas a áreas de conhecimento não diretamente envolvidas com os processos de projeto e planejamento nas empresas, haveria uma maior dificuldade para que os responsáveis por estas incorporassem seus conceitos na sua prática? Ou, por outro lado, estaríamos em pleno processo de introdução de novas práticas em que estes processos de decisão estariam respaldados por pontos de vistas que englobariam uma crescente interdisciplinaridade? Quais paradigmas serão cada vez mais presentes para projetos que envolvam questões organizacionais, o conteúdo do trabalho, as ferramentas de produção e de gestão e os processos de inovação tecnológica? Qual será o espaço que nossas instituições públicas e privadas vão ocupar no cenário econômico e na oferta de trabalho nos anos vindouros? A comunidade acadêmica pode contribuir para o debate e para ajudar na construção de processos de desenvolvimento da produção, do trabalho, da sociedade. Esta seria a principal finalidade desta coleção.

Fausto Leopoldo Mascia
e Laerte Idal Sznelwar
(organizadores)

Trabalho em serviços de atendimento a clientes: Uma reflexão à luz da antropotecnologia **15**
Introdução 17
Uma síntese da atividade nas centrais de atendimento 23
Outras questões associadas ao trabalhar............................ 31
E à luz da antropotecnologia.. 37
À guisa de conclusão 41
Referências bibliográficas 45
Ergonomia e condução de projeto arquitetônico **49**
O espaço como recurso: um desafio de gerenciamento 51
   O espaço como recurso 51
   O desempenho do espaço... 54
Do método à estratégia: os desafios da concepção do espaço... 59
Os desafios do projeto imobiliário da empresa 65
   Os principais fatores determinantes das estruturas espaciais dos escritórios 65
      O mercado de escritórios..65

Os comportamentos em relação ao imobiliário 66

As tradições arquitetônicas e profissionais 67

A legislação e as relações sociais 68

A cultura da empresa 69

Os principais desafios do projeto imobiliário da empresa 70

As duas naturezas do projeto 70

As expectativas em relação à arquitetura 72

Algumas consequências para a condução de projeto 75

O gerenciamento do projeto 77

Os esquemas clássicos da condução de projeto de construção .. 78

Conceber novas abordagens de concepção 82

As duas naturezas da "participação" 82

*Uma concepção mais gerencial da coordenação do
empreendimento* (maître d'ouvrage) 84

Condução de projeto e relações de prescrição 89

O contratante: empreendedor ou usuários 90

O projeto, fundador de um empreendimento 91

A condução de projeto, entre amarração e processo 93

*A empreita não é uma execução, o coordenador
de projeto não é um executor* 94

*O empreendimento não é só uma prescrição,
o empreendedor não é só alguém que dá ordens* 97

O espaço e o tempo do ergonomista no projeto 98

Referências bibliográficas 105

Organização e bem-estar em um serviço sanitário 107

Introdução 109

A abordagem 117

A análise de um processo de trabalho 125

A análise de longo prazo 131

Discussão 143

Referências bibliográficas 147

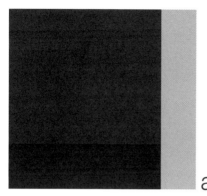

Trabalho em serviços de atendimento a clientes
Uma reflexão à luz da antropotecnologia*

Júlia Issy Abrahão
Departamento de Psicologia Social e do Trabalho do Instituto de Psicologia da Universidade de Brasília e Departamento de Engenharia de Produção da Escola Politécnica da Universidade de São Paulo.
abrahao@unb.br

Laerte Idal Sznelwar
Departamento de Engenharia de Produção da Escola Politécnica da Universidade de São Paulo.
laertesz@usp.br

---

* Baseado em artigo aceito para publicação na Revista Laboreal

Introdução

A antropotecnologia, proposta por Wisner, na década de 1980, estava voltada para os problemas de transferência de tecnologia e das organizações no setor industrial. Nesse período da história econômica, a ênfase nos estudos na área estava centrada em transferências que ocorriam, sobretudo, quando as empresas multinacionais, em seu processo de expansão, transferiam usinas inteiras cuja operação apresentava grandes problemas. Encontramos, também na literatura, referência a alguns estudos sobre a questão no setor agrícola. No entanto, os estudos desenvolvidos em empresas do setor de serviços são praticamente inexistentes. Tal fato provavelmente se explica por seu desenvolvimento ainda incipiente ou pela pouca mobilidade existente nesse tipo de empresa, naquele período.

Os trabalhos desenvolvidos no campo da antropotecnologia apontam os problemas resultantes de transferências realizadas sem considerar as características dos locais de implantação, tanto no que diz respeito aos resultados da produção quanto às questões relativas à saúde dos trabalhadores. Ressalte-se que esses problemas foram apontados, tanto no caso da relação entre países, isto é, quando se tratou da implantação de empresas ou de novos equipamentos, quanto em países considerados em vias de desenvolvimento industrial, no caso de transferência entre regiões distintas no mesmo país (ABRAHÃO, 1986; NEGRONI, 1986).

Os estudos realizados nesse período apontavam para uma questão central associada aos questionamentos sobre a inteligência dos trabalhadores, sua cultura, sua formação e seus saberes. Ainda hoje, encontramos a mesma e falsa questão, malgrado o fato de que as transferências e seus problemas situam-se sabidamente no nível da organização do trabalho, no tecido industrial. Esse tecido industrial que determina a capacidade instalada para dar apoio às operações e, ainda, aos recursos educacionais para propiciar educação formal para o domínio das tecnologias, bem como aos processos de aprendizagem existentes nas próprias empresas, por meio de treinamentos e das atividades situadas. A questão do nível de inteligência está superada, mas o acesso à informação e à educação continua sendo uma questão central para o desenvolvimento tecnológico e social na maioria dos países.

Nestes quase 30 anos, ocorreram muitas mudanças na economia mundial. Discutem-se os reflexos da "globalização" e seus possíveis efeitos, tanto no que diz respeito às mudanças que ocorreram na economia quanto à possível aproximação entre os países, facilitando as trocas, as transferências de empresas, a implantação de técnicas de gestão e de modelos de organização do trabalho. Além disso, o desenvolvimento da chamada "economia de serviços" trouxe novos desafios às maneiras de organizar o trabalho, definir o conteúdo das tarefas, bem como as possibilidades da transferência de modelos de produção e de gestão entre as empresas.

O objetivo principal deste texto é discutir à luz da antropotecnologia as premissas sobre as quais se apoia o projeto e a organização do trabalho em centrais de atendimento, em particular, as implicações para a atividade dos trabalhadores e suas consequências para a produção do serviço e para a saúde desta população. É notória a sua importância crescente em empresas de serviços, uma vez que proporcionam contato direto com os clientes. Além disso, as centrais de atendimento estão cada vez mais presentes nas empresas de outros setores da economia, como forma de contato com os seus clientes. Aliás, na literatura, encontramos autores que criticam essa separação nítida em serviços e em indústria, uma vez que em qualquer atividade industrial, e mesmo agrícola, existem partes significativas dos processos que são tipicamente de serviços e, no caso das empresas do setor terciário, encontramos nos seus processos de produção atividades tipicamente industriais que servem de suporte para a relação com os clientes. (ZARIFIAN, 2001; SALERNO, 2001)

Outro aspecto importante para justificar o foco em centrais de atendimento é o fato de que elas foram implantadas em muitas regiões e países diferentes e, sobretudo, porque houve uma disseminação ampla dos princípios que norteiam suas operações. O mesmo modelo de organização do trabalho é adotado, guardando princípios de base do taylorismo. Trata-se de situações de trabalho nas quais os trabalhadores estão em contato com clientes das empresas, por meio do telefone e do uso sistemas informatizados. Nos casos de atendimento, a transferência de modelos e a visão redutora da realidade a um todo que pode ser prescrito e controlado, coloca-se a questão de como os trabalhadores podem desenvolver essas competências, de maneira a constituir um contexto de ação significativo. Esse tipo de visão do mundo, típico do ideário funcionalista, desconsidera as especificidades locais e também a existência de sujeitos que agem e decidem (MAGGI, 2006).

O interesse em discutir este tipo de trabalho também advém do fato que, apesar das diferenças entre países, teve uma grande disseminação nas últimas décadas, uma vez que esses modelos de serviço são facilmente transferíveis entre países diferentes ou até mesmo entre diferentes regiões de um mesmo país. Aparentemente, os resultados para as empresas têm sido positivos, visto que há poucos sinais que indicam uma possível reversão de postura. Cada vez mais as centrais de atendimento são deslocadas para outras cidades e outros países, em consonância com os modelos que preconizam a terceirização de partes dos processos de produção. Outro aspecto significativo são as consequências para a saúde dos trabalhadores, que se manifestam de forma similar, independentemente de sua localização geográfica. Encontramos evidências significativas que demonstram que a maneira como é organizado o trabalho e o conteúdo das tarefas gera riscos concretos que se manifestam como distúrbios relacionados ao sistema osteomuscular e à fala e como elevados graus de sofrimento mental.

Alguns indicadores sociais e demográficos dos profissionais de teleatendimento (como também são conhecidas as operações nas centrais de atendimento) no Brasil reforçam a ideia de que há desafios importantes colocados pela maneira como são implantadas essas centrais. A maior parte é operada por jovens (78% até 30 anos de idade) de perfil predominantemente feminino (70%) e de alta qualificação. Apesar de não haver dados epidemiológicos muito consolidados, em nossas pesquisas encontramos altos níveis de afastamento por doenças como as LER/DORT, em algumas situações havia aproximadamente 14% de licenças médicas entre os trabalhadores de atendimento, além de quase 80% de queixas de desconforto e dor. Queixas de distúrbios psíquicos também foram importantes, mas não encontramos dados estatísticos a respeito. Uma pesquisa envolvendo 3.500 operadores franceses de teleatendimento mostrou resultados contundentes, com queixas de ansiedade, estresse e fadiga (71% dos entrevistados), problemas visuais e auditivos (16%) e dorsalgias (6%) (CFDT, 2002). Esses dados indicam que os problemas não estão localizados em um país ou em uma empresa, mas que eles se disseminaram e se tornaram significativos para a saúde pública em diferentes países.

Finalmente, podemos acrescentar o fato de que, em muitas situações, trata-se de empresas que estão prestando serviço para outras. Por exemplo, ao ligar para uma central de atendimento de uma operadora de cartão de crédito o cliente, provavelmente, estará em contato com um trabalhador que presta serviço para outra empresa que, por sua vez, presta serviços para a contratante. Essa situação limita as possibilidades de o trabalhador encontrar soluções que promovam o desenvolvimento de estratégias operatórias favoráveis ao seu equilíbrio psíquico e ao cliente para a resolução de sua demanda.

A implantação de modelos de trabalho com forte inspiração taylorista desconsidera as características locais como as maneiras de constituir relações, inclusive as relações de serviço, pois os pressupostos que compõem essa visão de mundo propõem a simplificação de tarefas e determinam procedimentos muito restritivos para as ações dos indivíduos, inclusive para o diálogo entre os atendentes e os clientes.

Na base desses pressupostos subjazem as restrições de linguagem, as pessoas se veem obrigadas a se comunicar segundo uma racionalidade oriunda do prescrito pelas organizações. Para tal, é necessário enquadrar a linguagem do atendente e a dos clientes àquela prevista pela empresa. Portanto, é necessário mediar linguagens; de um lado, a linguagem coloquial do cliente e, de outro, a linguagem informática e técnica, prescrita e codificada. São as competências elaboradas pela via dos processos cognitivos, sobretudo da memória do operador, que vão permitir que o diálogo seja inteligível para o usuário e, ao mesmo tempo, ágil e correto tecnicamente, com registros adequados no sistema informatizado. As consequências são significativas com relação ao empobrecimento das trocas, à dificuldade, ou mesmo à impossibilidade de constituição de uma cultura de profissão, levando a uma possível perda do sentido do trabalho e até mesmo a perdas em produtividade e qualidade na produção.

Uma síntese da atividade nas centrais de atendimento

As diferentes organizações responsáveis pelas centrais de atendimento pressupõem que a relação de serviço entre o atendente e o cliente seja restrita ao diálogo, definido anteriormente pelos projetistas do serviço, e que desvios da norma sejam desconsiderados, pois, por princípio, não fazem parte da prestação de serviço. O cliente não pode solicitar algo que não esteja previsto e o atendente deve responder da maneira mais próxima ao padrão anteriormente estabelecido e prescrito. Diferentemente do movimento operatório, objeto central da prescrição taylorista fabril, nesse caso, a prescrição está no diálogo; o que se busca padronizar é a linguagem, parte significativa das atividades relacionais humanas.

Com essa pretensão, não importa com quem o atendente está falando, ele deverá ser treinado para dirigir o cliente para o diálogo previsto, e as palavras a serem utilizadas devem ser as mais precisas para evitar possíveis mal-entendidos. Frases predefinidas para explicar o que se passa ou para efetuar uma determinada operação seriam, portanto, fundamentais para garantir uma qualidade de atendimento prevista pelos projetistas e pelos organizadores do trabalho.

Trata-se de uma pretensão intrigante, ainda mais que os objetivos não se restringem apenas a enquadrar o atendente, o "operário não qualificado de atendimento", mas também o cliente, que deverá agir conforme previsto para evitar conflitos e garantir que o serviço em questão seja prestado. Nesse contexto, encontramo-nos em face de um grande paradoxo, uma distância significativa entre o projetado e a realidade.

Essa contaminação do setor de atendimento por modelos de gestão atualmente questionados no mundo industrial se torna ainda mais grave, pois, nesse caso, a linguagem é uma das mediadoras do processo produtivo. A disseminação de frases idênticas, independentemente do usuário, ignora que a linguagem é uma das expressões mais significativas da cultura das populações. Em primeiro lugar, a prescrição da fala pressupõe que o diálogo seja algo que se passa de uma determinada maneira, como se as frases sucessivas fossem semelhantes a operações de montagem de um determinado produto. Ainda mais, supõe-se que a simplificação facilite o entendimento e que, eliminando-se a redundância, por exemplo, ganha-se tempo e impede-se que o diálogo se estenda. Um diálogo só faz sentido quando permite a aproximação de pontos de vista, o que só é possível se forem respeitadas as posições diferenciadas e se houver condições para que se compreenda o que o outro fala, isto é, que haja espaço para a escuta do outro.

Há uma série de instruções e imposições com relação à tonalidade da voz, linguagem, tratamento ao cliente, cadência do diálogo, ações e expressões a serem evitadas pelos atendentes, e essas instruções foram descritas em um artigo de Mascia e Sznelwar (1998). Os autores constataram que as instruções se referem somente às situações conhecidas ou previstas, portanto, não comportam a diversidade de ocorrências com as quais os atendentes se deparam no cotidiano de atendimento.

O desenho do script não considera o contexto de atendimento, a variabilidade e a diversidade dos usuários e dos clientes. No entanto, para atender ao cliente, decodificar o script para tornar efetiva sua resposta à demanda do cliente, o atendente se vê obrigado a transgredir (ABRAHÃO; TORRES, 2005). Essas transgressões, ou ações que possibilitam um desempenho mais adequado e, quiçá, menos sofrimento, ficam escondidas, camufladas, condenadas aos porões, uma vez que não podem ser reconhecidas oficialmente.

A inadequação entre o script e a natureza da atividade de atendimento é reforçada pelo fato de os operadores atenderem a uma variabilidade muito grande de clientes, consequentemente uma alta demanda de processamento de informações. Eles têm de entender e decodificar adequadamente a demanda, seguindo a lógica do cliente, e respondê-la na segundo a lógica da organização, muitas vezes, sob pressão temporal, pois o cliente quer uma resposta imediata. Além disso, nem sempre o cliente tem clareza do que quer, e o atendente é confrontado a procedimentos rígidos e não pode se descuidar das prescrições impostas pela organização, as quais dificultam a possibilidade de descobrir a necessidade desse cliente.

A construção dos scripts é baseada no princípio segundo o qual o cliente tem um raciocínio linear e previsível, uma vez que não agrega nem deixa um espaço que permita articular todas as possíveis variáveis da situação de atendimento. Portanto, as principais queixas dos atendentes com relação ao controle do script foram quanto a sua rigidez, pois o diálogo acaba se tornado "robotizado" e mecanizado, eliminando o sentido do trabalho. A maioria dos atendentes, apesar dessas queixas, não deseja a eliminação do script, mas, sim, a sua flexibilização (ZIMMERMAN, 2005). Eles querem que o script sirva como um roteiro, como um orientador do atendimento. Esses resultados caminham no mesmo sentido dos encontrados por Gubert (2001), para quem uma parte dos operadores vê o script como um componente negativo do controle, enquanto outros apontam aspectos positivos, citando-o como um orientador e um auxiliar para o atendimento.

A padronização é rígida e influencia a maneira de falar, determina aquilo que se pode dizer e também aquilo que não se deve dizer, é um diálogo prescrito (SZNELWAR, 2000; ZIMERMAN, 2005). Esses estudos demonstram que os atendentes, ao seguirem rigorosamente o script, muitas vezes não conseguem construir um diálogo verdadeiro, não conseguem entender e se fazer entender pelo cliente. Em virtude desse controle rigoroso da monitoria, eles se sentem impedidos de usar a criatividade para construir um diálogo mais espontâneo e natural. Entretanto, alguns atendentes, mesmo correndo o risco de serem penalizados na sua avaliação, fazem alterações para adequarem o contato ao perfil do cliente (TORRES, 2001). A monitoração acaba sendo, na maioria das centrais, uma via de mão única e, segundo os atendentes, ela se torna uma avaliação onipotente, que além de gerar atitudes antipáticas, causa insegurança e sentimento de injustiça, na medida em que funciona como uma imposição na qual não existe espaço para a negociação.

Outra inadequação refere-se à pouca margem de manobra para dar conta da variabilidade presente nas situações de atendimento. Existe uma variabilidade muito grande de clientes quanto à idade, sexo, grau de instrução, estado civil e estado de origem. Eles utilizam linguagens distintas na comunicação. Cada atendente também é portador de uma história com características próprias, experiências, vivências. É neste cenário que a atividade se desenvolve e não naqueles previstos pela organização (ABRAHÃO, 2000). O que se observa no dia a dia é que a estabilidade dos manuais e normas não corresponde ao real, pois no trabalho ocorrem variações contínuas.

Contrariamente às profissões mais tradicionais, neste caso, há o risco de ocorrer um empobrecimento da linguagem, em vez da criação de uma "linguagem de ofício", ou ainda, a possibilidade de enriquecer o vocabulário, pela via do trabalho. No que concerne à qualificação dos trabalhadores, a opção é treinar os atendentes no aprendizado de certas técnicas que ajudem a manter o cliente e o atendente no prescrito. Isto é, dentro do previsto para a concepção do sistema técnico, que se concretiza nos procedimentos de fala e nos procedimentos de navegação previstos nos programas de computador. Podemos observar que parte significativa dos problemas encontrados resulta da implantação de tecnologias que trazem consigo um pacote normalizado, com determinações referentes à organização do trabalho, e que tratam o ato de trabalhar de forma homogênea. Isso pode ser considerado como um impedimento para o desenvolvimento do que Yves Clot denomina como gênero e estilo profissional. (CLOT, 1999)

Este é um ponto bastante delicado desse tipo de trabalho, pois se abre espaço para mal-entendidos, punições, avaliações negativas, em suma, pode ser um fator agravante para o sofrimento dos trabalhadores, pois a sua iniciativa não é reconhecida, não se torna parte de um conhecimento coletivo. Esta fonte de sofrimento para os atendentes pode ser considerada uma das principais causas dos problemas de saúde encontrados nessa população. Além disso, pode ser um dos fatores que contribui para perdas em qualidade e, também, em produtividade. Entretanto, não foram encontrados indicadores que permitissem avaliar a quantidade de problemas resolvidos, em quanto tempo e após quantas ligações. Esses indicadores poderiam demonstrar ineficiência e ineficácia nos processos de produção e, sobretudo, nos procedimentos adotados.

Ao que tudo indica, pela maneira como o trabalho é organizado nas centrais de atendimento, o desenvolvimento do trabalhador fica prejudicado, principalmente pelo fato de não haver espaços significativos para trocas e para a cooperação entre pares, fato que facilitaria a criação de um quadro de referência compartilhado, composto por modelos que proporcionariam sucesso nas operações. O conteúdo das tarefas impede a expansão do campo das ações, que é fundamental para desenvolvimento profissional individual e coletivo dessa categoria de trabalhadores.

Em muitas situações os trabalhadores se sentem "robotizados", pois não podem agir, não podem responder, não podem resolver. Em outras situações, para se defenderem da ira dos clientes, se fazem passar por "máquinas", respondendo como se fosse uma gravação, o que se revela como uma estratégia para evitar problemas.

A tarefa é definida por um grande número de normas, procedimentos, atitudes e responsabilidades prescritas que o atendente deve seguir. Vale salientar que muitas delas são importantes e que, na maioria das vezes, são respeitadas, pois ajudam a garantir a segurança da operação. Outras são restritivas, pouco compreendidas, podendo ser caracterizadas como normas de conduta pouco adequada pela ausência da possibilidade de o atendente dispor de margem de manobra que permita suprir as deficiências da prescrição. Esse quadro é mais comum nas centrais baseadas em conceitos de serviços de massa.

Outras questões associadas ao trabalhar

O conteúdo restritivo das tarefas teria alguma consequência significativa em relação à linguagem e também em relação à riqueza do pensamento? Algumas evidências mostram que há um empobrecimento da linguagem, uma vez que é frequente o uso do gerúndio pelo atendente, ao tentar explicar ao cliente alguma ação que deverá ser encaminhada pela empresa. Encontramos também um sentimento de irritação que se mantém ao longo da jornada, resultado das situações em que o cliente não entende ou busca resolver seus problemas por vias que divergem do script determinado pela empresa. Questionamos o tipo de ferramenta psicológica que os atendentes estão interiorizando nesse tipo de trabalho e, ainda, as consequências que podem advir ao longo do tempo.

Como fazem os trabalhadores para "funcionar" nesse tipo de contexto e responder aos requisitos citados?

A despersonalização do agir no trabalho, a imaterialidade, a intangibilidade e o individualismo são pilares dessa lógica que leva ao sofrimento patológico, no sentido proposto por Dejours (2001); sofrimento que se torna "visível" no sistema músculo-esquelético, na pele, no sistema digestório, entre outros, ou que ainda é expresso como "mal-estar" psíquico.

No caso dos serviços de atendimento estudados, mas não somente nessas situações, a importação de paradigmas do taylorismo e do fordismo, em nome da racionalização da produção, pode constituir a grande fonte dos problemas citados. Esse tipo de produção "em massa" de serviços seria uma repetição de certos erros do passado? Ou seria ainda pior, uma espécie de farsa, uma vez que a prestação de serviços constitui uma relação entre sujeitos e a sua despersonalização se torna uma das causas fundamentais de sofrimento para os trabalhadores? As relações de serviço devem, então, ser despersonalizadas, o trabalho do atendente deve ser o mais próximo possível de algo, de um objeto passível de reprodução e de controle. É paradoxal que uma relação intersubjetiva, base de uma atividade, em que o relacionamento com o cliente é chave, seja transformada em coisa, num processo de reificação.

A busca frenética por produtividade, a luta constante contra os "tempos mortos" teria como fruto uma compressão progressiva dos tempos e uma consequente "contração dos corpos". Alguns resultados obtidos nesses estudos mostram uma correlação entre a redução de tempos médios de atendimento (TMA) e o aumento significativo de afastamentos por LER/DORT (MASCIA; SZNELWAR, 1998).

Coerente com essa visão de mundo mecanicista e funcionalista (MAGGI, 2006), os atendentes são considerados, pelas empresas, apenas receptores de chamadas, sem possibilidade de agir além daquilo que lhes foi prescrito. Essa mesma lógica de funcionamento está presente nas diferentes centrais de atendimento distribuídas pelo mundo. Qualquer transformação no processo de trabalho ou mudança nos procedimentos deve ser fortemente combatida. Reduz-se essa situação a uma atividade de interação entre o atendente e o cliente, ao contrário de tomar partido da heterogeneidade, privilegiando a diversidade, considerando os contextos do sistema de uso e de produção.

Essa questão remete, como ressalta Dejours (1987), aos estudos sobre as telefonistas realizados por Le Guillant, em que o autor afirma que essa profissional deve reprimir suas iniciativas, enquadrar sua linguagem, não apresentar qualquer expressão de cansaço, não se irritar, não expressar descontentamento ou, ainda, prazer diante de uma situação de atendimento. Nessas condições, a sua afetividade deveria, então, ser proscrita.

Wisner (1994) também comenta o trabalho de Le Guillant, sobre a neurose das telefonistas. Ele aponta a contradição entre a tarefa muito rígida imposta às telefonistas e as dificuldades que se manifestam no momento do atendimento. A relação de serviço criada é dificultada, pois o diálogo com o cliente não é favorecido. O cliente precisa entender a racionalidade da empresa, enquadrar-se naquilo que é previsto. Ele precisa expressar-se usando uma linguagem compatível com a da empresa, e também há um comportamento prescrito que deve ser enquadrado, portanto, precisa ser educado para receber o serviço. Nesse cenário, em uma relação como essa o cliente deveria, por princípio, ser considerado como coprodutor do serviço.

Nessa perspectiva, é importante se distanciar de explicações simplificadoras dos fenômenos ligados ao trabalhar. As atividades em centrais de atendimento não se resumem ao simples gesto, à execução do previsto, ao respeito aos procedimentos. Há uma questão irredutível que é a relação com o outro, com o cliente que atua e modifica as tarefas.

Outra questão importante a ser considerada com relação às atividades de serviço discutida por Hubault (2003) é a dificuldade de se mensurar a produtividade. Como medir a relação insumos/resultados, principalmente porque os serviços são, em grande parte, intangíveis. Para esse autor, a relação de serviço contém uma série de características que são dificilmente valorizáveis por uma produtividade que é medida por meio de indicadores que não consideram esses aspectos. Como avaliar a utilidade do trabalho se sua essência é desconhecida?

Na mesma linha de pensamento, não se pode deixar de lado uma reflexão sobre a natureza do controle exercido sobre o trabalhador. O trabalho de atendimento, mesmo que seja mediado por telefone, implica uma relação intersubjetiva. Conforme apontado, somos confrontados com paradoxos significativos nesse tipo de produção. Ao mesmo tempo em que se busca, por meio dos paradigmas da simplificação, uma homogeneidade no atendimento, pede-se ao trabalhador que seja envolvente, simpático, carismático e cordato, ainda que sob pressão de tempo. Como vários trabalhadores afirmam, eles vivem com uma sensação de se tornarem robôs.

Como trabalhar esse paradoxo e construir sistemas de produção em que o relacional não seja objetal?

Poder-se-ia imaginar que o constrangimento gerado pelo não fazer poderia ser considerado como um efeito secundário, não buscado na forma de conceber o trabalho, mas não é bem isso que foi encontrado na literatura. O paradigma da simplificação é aquele que se impõe no projeto do trabalho. De fato, o que os departamentos de engenharia e métodos buscam é tornar o trabalho o mais simples possível, passível de ser definido por regras e procedimentos precisos. Dessa forma, o resultado obtido nas prestações de serviço ao cliente será mais confiável, uma vez que é possível definir, a priori, o que se espera.

Embora a busca da confiabilidade no serviço seja legítima, o paradigma da simplificação da tarefa é falso. A questão que se coloca é que, apesar do fato de que, na execução da tarefa, pode ocorrer uma quantidade significativa de eventos não previstos, que modificam essa tarefa, o sujeito se vê obrigado a restringir a sua ação. Qual esforço deve ser produzido para que o trabalhador consiga construir o não fazer? Um exemplo desse não fazer pode ser aquela situação, frequente, em que o trabalhador sabe o que poderia fazer para resolver o problema do cliente, mas não pode, pois não está autorizado.

Uma das consequências deste "desengajamento" das empresas com relação ao trabalho de execução, da manufatura dos objetos e de determinadas partes do processo de produção de serviços pode ter reflexos profundos sobre o aparelho psíquico das pessoas. Será que, como constata Sennett (2001), estaríamos vivendo o cenário ideal da corrosão do caráter, em que as relações estáveis, de fidelidade, estariam sendo substituídas por relações voltadas para o interesse imediato, para a garantia da dita "empregabilidade", na qual cada um seria responsável também por seu futuro? Faria parte desse cenário, o desengajamento crescente do Estado com relação aos benefícios sociais, mais um triunfo do processo de "financeirização" das relações? Nessa mesma perspectiva, não estaria sendo favorecido um cenário de "vale-tudo", semelhante àquele com o qual Dejours (1988) discute sobre a perspectiva da "banalização" das ações nas empresas, em que a relação com o outro seria determinada por interesses e o ato de fazer o "mal" a alguém faria parte do jogo?

A atividade dos atendentes é basicamente de relação, e a relação no serviço seria uma âncora fundamental para o desenvolvimento das ações. A prescrição atinge diretamente aspectos do comportamento considerado como aceitável e produtivo com relação ao desempenho do setor. Questiona-se até que ponto isso pode ser prescrito e se seria produtivo fazê-lo. Há uma diferença significativa entre a adoção de condutas cordiais em que haveria espaço para que o atendente possa efetivamente responder à questão do cliente – fato que pode e deve ser favorecido e estimulado pelas empresas – e um comportamento estereotipado, restrito a ações padronizadas, no qual a possibilidade de desenvolver estratégias para resolver problemas e para acompanhar o processo de atendimento ao cliente de uma maneira mais efetiva não é prevista, sendo mesmo combatida, proibida.

E à luz da antropotecnologia...

Wisner (1997) adota conceitos oriundos do pensamento de Vygotsky para ajudar a explicar aspectos centrais da antropotecnologia, em especial, para compreender alguns efeitos desfavoráveis da transferência de tecnologia. Neste texto, apoiamo-nos nessa discussão para entender o que se passa nas atividades de serviço, as consequências da adoção e implantação de modelos de atendimento que desconsideram tanto a realidade da atividade de relação entre os trabalhadores e os clientes como a negligência de certas especificidades locais ligadas à cultura, à adoção de novas de tecnologias e, mais especificamente, a questões relativas à linguagem.

Ainda com relação ao diálogo de Wisner com os conceitos propostos por Vygostky, as funções psicológicas seriam o produto de uma evolução sociocultural, e elas apareceriam antes no plano social para, em seguida, serem incorporadas no plano psicológico. Isto é, primeiramente, seria uma categoria interpsicológica para, depois, se tornar uma categoria intrapsicológica. Essa afirmação nos coloca frente a outro dilema: nos locais de atendimento estudados, a maneira como o trabalho é organizado e o próprio conteúdo das tarefas impede uma troca maior entre os diferentes atendentes e, mesmo, a construção de um diálogo mais rico com os clientes. Então, o substrato que os atendentes têm para a construção de uma linguagem oriunda desse trabalho é, em grande parte, resultante do que a racionalidade técnica das empresas considera como relevante.

O que provém da realidade do atendimento e, da história pessoal dos atendentes não é integrado ao ato de trabalho. Além disso, as trocas de experiência entre colegas são quase impedidas pela maneira como o trabalho é concebido, que resulta na falta de espaço para o desenvolvimento de uma cultura de atendimento, a qual poderia colaborar para o enriquecimento mútuo e a constituição de um verdadeiro coletivo de trabalho.

Wisner buscou, ainda, apoio na Teoria da Atividade proposta por Leontiev, modificada por Engeström, visando a adaptar sua aplicação em contextos empíricos. Assim, nossa aproximação com a antropotecnologia pressupõe que, no caso da transferência da tecnologia, é de fundamental importância que os trabalhadores em países considerados em vias de desenvolvimento industrial possam adquirir competências suficientes para responder às exigências da produção, mesmo em situações degradadas e naquelas em que a transferência ocorre de forma parcial. Operar nessas condições implica, para o operador, uma ampla capacidade de mudar de registro segundo as circunstâncias, que são menos previsíveis em situações de produção mais estabilizadas, como mostram inúmeros estudos em ergonomia da atividade. Essa passagem da operação prescrita a uma ação situada que os estudos ergonômicos mostraram ser complexa, nos casos estudados pela antropotecnologia, envolve mecanismos que raramente se encontram disponíveis para os operadores.

A implantação maciça no setor de serviços da tecnologia da informação agregada a modelos de gestão semelhantes se manifesta na atividade laboral, comprometendo as já precárias condições de trabalho. Além disso, a transmissão de informação pela via vocal inclui ferramentas que são de natureza psicológica, dentre elas as diferentes formas de linguagem. Dessa forma, cada vez que o sujeito incorpora essas ferramentas ao seu comportamento, ocorre uma transformação no fluxo e na estrutura das funções mentais, que deveriam ser facilitadas por essas novas maneiras de mediação.

À guisa de conclusão

Uma questão fundamental se coloca frente a esses cenários de produção. Quais seriam as consequências em termos do risco ligado ao empobrecimento da linguagem devido à disseminação desse tipo de modelo de sistema de produção em diferentes regiões do mundo? Conforme exposto neste texto, apontamos resultados que mostram as dificuldades encontradas para que os atendentes se comuniquem com os clientes e vice-versa. Trabalhar a partir de um cenário muito restritivo, no qual o script impera de maneira soberana, obriga as pessoas a restringirem a comunicação, fato que, muitas vezes, causa mal-entendidos e induz o retrabalho, pois até que se resolva o problema do cliente, este entra em contato com a empresa várias vezes. O atendente deve se restringir àquilo que pode falar e não deve se distanciar da maneira como a empresa definiu e padronizou a comunicação. Esse padrão serve, em princípio, para ser aplicado sem alterações, em qualquer sítio da empresa, que pode inclusive se localizar em países diferentes.

Pensar essa situação, ao contrário, poderia trazer uma perspectiva completamente diferente, que, em vez de favorecer um empobrecimento cultural resultante da prescrição da linguagem, poderia proporcionar uma perspectiva de enriquecimento cultural, possibilitado pelas trocas entre pessoas de diferentes origens. Em primeiro lugar, seria importante redefinir o que significa atender os clientes. Ao invés de conceber o atendimento para propiciar um tipo de serviço massificado, despersonalizado, poder-se-ia projetar um serviço que desse suporte às relações de serviço para que incorporassem a diversidade, tanto dos clientes como dos próprios atendentes. Reforçar os conhecimentos gerais, a capacidade de raciocínio e o domínio de diferentes linguagens, por meio do aprofundamento de leituras e do conhecimento de diferentes aspectos que possam estar relacionados com a "cultura" do outro, seria um caminho inverso. Ao invés de uma massa de atendentes que pouco sabe sobre os produtos, sobre os costumes daquela população, pensar em profissionais do atendimento que tenham condições de se desenvolver por meio do enriquecimento cultural, da aquisição de mais conhecimento e, sobretudo, que consigam acompanhar e resolver os problemas dos clientes.

A própria implantação das empresas em várias regiões do mundo poderia ajudar a favorecer as trocas. Em vez de se transferir modelos empobrecedores, que consideram as pessoas de uma maneira restritiva, poderiam ser desenvolvidos modelos de produção enriquecedores. Esse tipo de modelo existe e se restringe principalmente a situações nas quais os clientes são considerados preferenciais ou em situações em que as empresas consideram a importância do conhecimento técnico sobre os produtos ou processos de serviços. Será então que o maior impedimento seria uma busca frenética pela redução de custos para as empresas e uma disseminação dos custos relativos às consequências para a saúde dessas populações para os países mais periféricos na rede de produção?

Quando Wisner iniciou seus estudos em antropotecnologia tinha claro um pressuposto que guiou muito da sua trajetória como pesquisador, como professor e, sobretudo, como pessoa. Ele afirmava que o trabalhador era sempre portador de inteligência, mesmo que considerado como operário não especializado, independentemente de sua origem étnica ou, mesmo, do grau de desenvolvimento industrial de seu país. Para ele havia sempre inteligência e maneiras específicas de expressão cultural, fruto de uma história e de uma geografia. De certa forma, a disseminação de centrais de atendimento em todo o planeta, e, sobretudo, em alguns países considerados em vias de desenvolvimento industrial, ou melhor – como são chamados alguns países –, os novos países industrializados, mostra que, de fato, há inteligência do outro lado. As operações são complicadas, exigem capacidade técnica, mesmo que o modelo adotado pelas empresas seja apoiado em paradigmas simplificadores. Esta afirmação pode parecer contraditória com o restante deste texto, mas, na realidade, trata-se de um paradoxo.

Apesar do empobrecimento consequente da rigidez dos scripts, os atendentes precisam dominar a situação, operar com sistemas informatizados de difícil operação, conseguir criar estratégias que lhes permitam não sofrer em demasia; afinal, tudo isso requer pessoas competentes, capazes de dar conta dessas situações. Então, podemos afirmar que há inteligência envolvida em toda ação de trabalho. Por que não integrar esse pressuposto e, assim, constituir sistemas de produção em que a inteligência esteja realmente a serviço de um atendimento mais satisfatório, que permita desenvolver melhor os sistemas de produção? Talvez porque, como disse Wisner em uma visita ao Brasil, "reconhecer a inteligência também significa remunerar melhor os trabalhadores".

Referências bibliográficas

ABRAHÃO, J. I. *Les processus de maîtrise technologique*: *implantation de distillerie de canne à sucre rural brésilien.* 1986. Tese (Doutorado em Ergonomia). Paris, CNAM., (1986).

ABRAHÃO, J. I. *Reestruturação produtiva e variabilidade do trabalho; uma abordagem da ergonomia.* Psicologia: Teoria e Pesquisa, pp. 229-240, 2000.

ABRAHÃO, J. I.; TORRES, C. C. *Entre a organização do trabalho e o sofrimento: o papel de mediação da atividade.* Revista Produção, pp. 67-76, 2005.

CFDT. Confédération Française Démocratique du Travail. *Centres d'appels.* Enquete. Disponível em: <http://www.cfdt.fr>. Acesso em: set. 2002.

CLOT, L. Y. *La fonction psychologique du travail.* Paris: PUF, 1999.

46 · Trabalho em serviços de atendimento a clientes

DEJOURS, C. *A loucura do trabalho*. Paris: FTA/Oboré, 1987.

DEJOURS, C. *Souffrance en France*. L'histoire immédiate. Paris: Éditions du Seuil, 1998.

DEJOURS, C. *L'évaluation d'abord* – Corps biologique, corps érotique et sens moral. Paris: Payot, 2001.

GUBERT, K. B. *Os determinantes da atividades em uma central de atendimento: o caso do disque-saúde*. 2001. Dissertação (Mestrado) – Brasília: Universidade de Brasília, 2001.

HUBAULT, F. *Le travail vaut par la manière dont on en use: contibuition de l'ergonomie à la gestion des ressources humaines*. In: J. ALLOUCHE. (coord.). Encyclopédie des ressources humaines. Paris: Vuibert, 2003.

MAGGI, B. *Do agir organizacional, um ponto de vista sobre o trabalho, o bem-estar, a aprendizagem*. São Paulo: Edgard Blucher, 2006.

MASCIA, F. L.; SZNELWAR, L. I. *The organisation of work based on standardisation*: the question of scripts in call centers. 6TH CONFERENCE ON ORGANIZATIONAL DESIGN AND MANAGEMENT; HUMAN FACTORS IN ORGANIZATIONAL DESIGN AND MANAGEMENT - VI, pp. 647-652, 1998.

NEGRONI, P. *Informatisation d'un bureau de poste*: esquisse d'un transfert de technologie interne. MÉMOIRE de DEA d'Ergonomie. Paris, França: Laboratoire d'Ergonomie du CNAM, 1986.

SALERNO, M. S. Introdução. In: SALERNO, M. S. *Relação de serviço*: produção e avaliação. São Paulo: Editora Senac, 2001. pp. 10-22.

SENNETT, R. *A corrosão do caráter.* Rio de Janeiro: Editora Record, 2001.

SZNELWAR, L. I.; MASCIA, F. L. Diálogo e constrangimentos do script na atividade de atendimento a clientes. In: SZNELWAR L. I.; ZIDAN L. N. (orgs.). *O trabalho humano com sistemas informatizados no setor de serviços.* 1 ed. v. 1, São Paulo: Plêiade, 2000. pp. 97-104.

TORRES, C. C. *A atividade nas centrais de atendimento; outra realidade, as mesmas queixas.* Dissertação (Mestrado) – Universidade de Brasília, Brasília, 2001.

WISNER, A. *A inteligência no trabalho.* São Paulo: Fundacentro/Editora Unesp, 1994.

WISNER, A. Aspects psychologiques de l'anthropotechnologie. *Le Tavail humain.* 1997. pp. 229-254.

ZARIFIAN, P. Mutação dos sistemas produtivos e competências profissionais: a produção industrial de serviço. In: SALERNO, M. S. (org). *Relação de Serviço*: produção e avaliação. São Paulo: Editora Senac, 2001. pp. 67-93.

ZIMMERMANN, R. M. *O paradoxo entre sentimento de segurança e o controle em uma central de atendimento.* Dissertação (Mestrado em Psicologia) – Universidade de Brasília, Brasília, 2005.

Ergonomia e condução de projeto arquitetônico

François Hubault
*CEP - Ergonomie et Écologie Humaine,
Université Paris[1] Panthéon-Sorbonne Atemis*

---

[1] Este texto foi composto a partir de dois textos anteriores:
(a) HUBAULT, F. ; LAUTIER, F. *De la conception au management de l'espace*. 1997.
(b) HUBAULT, F.; LAUTIER, F.; WALLET, M.; TESSIER, D.; EVETTE, T.; NOULIN, M. *Conduite de projet et rapports de prescription*, communication au 37ème congrès de la SELF. Aix-en-Provence, 2002.

O espaço como recurso: um desafio de gerenciamento

O espaço como recurso

O espaço é um bem econômico muito particular que:

→ só "funciona" bem se o uso por alguns ou para alguma coisa não destrói as propriedades que dele se esperam para os outros ou para outras coisas. Um espaço coletivo pressupõe, portanto, que o uso que alguns fazem dele não comprometa a sua disponibilidade para outros (dentro do repertório daqueles para os quais foi concebido) ou para outros usos (dentro do repertório das possibilidades para os quais foi concebido);

→ não é "utilizado": mais precisamente, o espaço configura uma oferta de "uso" mais vasta que a utilização: assim, um corredor pode permitir ou não o encontro, a discussão, conforme sua construção. Diferentemente de um sistema técnico, o espaço não se caracteriza apenas por seu funcionamento, mas também pelo excedente de funções oferecidas que o uso constitui;

⇒ não é "consumido": diferentemente de um bem de consumo, ele não se degrada pelo uso (exceto quanto aos problemas de manutenção). Ele é praticado e seu valor aumenta com o uso. Ele se desenvolve conforme e na proporção em que é usado. De nada adianta economizar o seu uso, pois o custo do espaço se veria aumentado e seu valor reduzido; o espaço só vale se é praticado.

Essas características o tornam então similar a um "bem coletivo", tanto mais porque é difícil distinguir nitidamente entre quantidade e qualidade do espaço: podem-se considerar certas de suas qualidades técnicas como dependentes do quantitativo (como o isolamento, o conforto térmico, a iluminação etc.), mesmo que apenas em termos de custo, e algumas de suas dimensões quantitativas, como a área, tem com certeza uma qualidade, por exemplo, a de oferecer mais ou menos usos.

Isso não impede que as suas características o aparentem também a um bem *privado*. O seu valor depende de sua disponibilidade. O fato de sua acessibilidade não poder ser precisamente a mesma para todos impõe à sua gestão procurar em seu uso uma otimização no mínimo complexa.

Assim, as qualidades não podem lhe ser imputadas como sendo propriamente dele: o valor do espaço não procede apenas da natureza intrínseca do espaço, mas também das condições de sua mobilização. Por isso é melhor considerá-lo como um recurso.

O espaço é, na realidade, antes de tudo o objeto de uma experiência. Em particular, é quando "ele resiste", quando se mostra disfuncional. Quando a proximidade impede a intimidade, verificamos que o espaço trata a distância de maneira bastante complexa. Do mesmo modo, um espaço "coletivo" só revela essa qualidade quando posto à prova por tudo que a ela se opõe: a ausência de divisórias em sua distribuição pode tanto ser um obstáculo às trocas como as favorecer, em consonância com o que houver a compartilhar. Em última instância, trata-se, portanto, menos de falar em espaço coletivo (exceto talvez quanto a intenção de quem o concebeu) do que na prática coletiva de um espaço... que a ela se presta.

Assim, trata-se de considerar o espaço de forma similar ao "recurso humano". Nos dois casos, a gestão do espaço como recurso depende de uma atenção particular dada a um encontro.

O conceito de recurso humano caracteriza efetivamente uma abordagem econômica do trabalho que se apoia sobre a ideia de que sua qualidade produtiva deriva de um encontro entre uma disposição humana – em todas as acepções biológicas, psicológicas e culturais da palavra – e uma ocasião organizacional – em todas as acepções técnicas, de gestão e sociais da palavra –; é um efeito de situação, e lidar com ela é, em primeiro lugar, incumbência do gerenciamento.

Do mesmo modo, a eficácia do espaço não resulta apenas de sua disposição para favorecer um dado efeito buscado. Não existe um *capital* espaço, uma potência intrínseca do espaço para realizar alguma coisa, mas um *recurso* espaço. O desempenho do espaço depende de saber conjugar suas disposições, suas potencialidades, sua potência de possível, com ocasiões que, somente por meio delas, permitirão que ele se atualize, se realize numa "situação" particular, tendo como fundo todos os espaços possíveis que a ocasião não terá escolhido. Esses permanecem disponíveis? Trata-se, talvez, de uma diferença essencial em relação ao recurso humano: a forma que assume um espaço lhe aliena todas as outras, na medida em que se perde a consciência do que ele poderia ter sido, enquanto essa consciência, ao contrário, é o que embasa a experiência de cada homem confrontado com uma situação em que se sente traído em suas esperanças, possibilidades e disposições. Deve-se compreender, no entanto, que essa diferença não faculta que se tenha menos prudência, ou menos rigor, nas manipulações que visam ao espaço mais do que os homens. A sua qualidade comum de "recurso" requer frequentemente um dispositivo de mobilização do mesmo tipo.

O desempenho do espaço

O espaço é, geralmente, considerado na empresa como um custo necessário para abrigar suas atividades. Nessa ótica, a não ser em termos de ativo, o espaço nunca é realmente pensado como dependendo de uma responsabilidade de gerenciamento por parte da empresa.

Dentro dessa ótica, o espaço fica, então, sem valor. Na melhor das hipóteses serão enfatizadas certas correlações entre determinadas características e determinados efeitos, dos quais não se chegará jamais a deduzir qualquer modelo explicativo.

Pode-se considerar que o aumento da participação do custo do espaço na estrutura de custos da empresa, particularmente de sua atividade terciária, obriga a compreender melhor o valor do espaço para a empresa, seu lugar no processo de produção do valor. A questão da valorização do espaço leva, assim, a um reposicionamento do espaço como recurso.

Pelo fato de o espaço ser um recurso é que ele depende da gerência, e não apenas da contabilidade. Trata-se, então, de saber como ele participa do *processo de valorização* que toda empresa busca otimizar. Compreender *como* e *em que* o espaço contribui para a criação do *valor* econômico é, portanto, o desafio do *modelo de eficácia* do espaço, sem o qual nada se pode *decidir* neste âmbito.

Como para todo recurso, o "lugar" do espaço no processo de valorização econômica pode ser representado segundo o seguinte esquema:

Figura 1 *O esquema do desempenho*

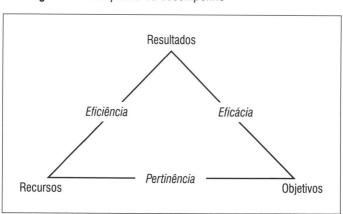

A pertinência: em que e como o espaço pode participar dos objetivos (dimensão do projeto) perseguidos pela empresa?

Uma concepção instrumentalista do espaço imporá o questionamento da capacidade intrínseca de um determinado espaço de realizar, por suas próprias características, os objetivos (espaço de controle, espaço de circulação etc.) do projeto.

Uma concepção estratégica do espaço irá procurar otimizar e desenvolvê-lo; esse é um desafio em que o espaço, por suas próprias características, poderá se constituir em uma política. Segundo essa abordagem, o espaço é, portanto, o argumento *de um encontro entre uma disposição*, a própria materialidade do espaço, *e uma ocasião*, a perspectiva política na qual se age sobre essa materialidade.

A eficiência: em que medida o espaço "propiciou bons resultados"? Diretamente, é a dimensão instrumentalista que se relaciona à capacidade do espaço para ter efeitos próprios: indiretamente, é a dimensão estratégica que se relaciona à capacidade do espaço para abrir possibilidades das quais se terá sabido aproveitar e colocar em jogo.

Seja como for, a eficiência não se reduz ao custo – nível de emprego do recurso –, mas diz respeito também ao valor – capacidade de efeito do recurso –, direta e, portanto, necessariamente limitado na hipótese instrumentalista, indireta e, assim, possivelmente incalculável na hipótese estratégica.

A eficácia: em que medida os resultados obtidos correspondem aos objetivos almejados?

Uma concepção instrumentalista se preocupará em avaliar as distâncias que, em toda probabilidade, se deverá registrar entre a intenção que presidiu as decisões sobre o espaço e a situação de chegada. Logo se vê que uma abordagem assim se depara com dois problemas: a dificuldade de ter objetivos precisos, sem os quais a medida das distâncias é impraticável, e a limitação introduzida por uma gestão pelos objetivos, que fecha, já de início, o horizonte dos efeitos desejáveis, a sua possibilidade, e o seu gerenciamento.

Uma concepção estratégica buscará se aproveitar das ocasiões contidas em toda prática do espaço. Pode haver objetivos precisos, mas ela consiste, sobretudo, em navegar de acordo com as oportunidades criadas: "a eficácia do espaço" resultará da capacidade que a empresa terá mostrado de gerar objetivos novos a partir dos resultados obtidos, transformar as resistências em apoios, um erro em oportunidade, e nutrir, desse modo, uma tolerância aos eventos, uma generosidade em relação ao futuro, uma capacidade evolutiva que constitui, então por si mesma, um recurso. A eficácia do recurso espacial é, em última instância, a de *produzir pura e simplesmente recurso* para a empresa.

A contrapartida do investimento no espaço deve ser, portanto, um recurso a ser valorizado para o conjunto do funcionamento da empresa.

Várias maneiras de proceder, que não são mutuamente exclusivas, podem, então, ser imaginadas. Por exemplo:

Escolher, de modo a favorecer uma certa duração, as edificações, não tendo, de resto, a mesma duração que a sua organização: essa abordagem pressupõe uma estimativa adequada do tempo durante o qual a congruência entre espaço e organização poderá se manter sem ter de sofrer modificações notáveis.

Escolher de modo a disponibilizar margens de manobra para o futuro, permitindo uma gestão e usos evolutivos desses espaços: essa abordagem pressupõe que a gestão dos espaços se torne uma preocupação habitual da gerência, ultrapassando a preocupação apenas com seu custo para considerar também de seu valor.

Fazer da concepção de espaços novos, com o momento e o tempo privilegiados de novas práticas, abrindo o caminho para outra maneira de geri-los.

Cada uma dessas possibilidades se inscrevendo em uma dinâmica de otimização do recurso organizacional que um bom gerenciamento do seu espaço pela empresa pode produzir.

Do método à estratégia: os desafios da concepção do espaço

A abordagem estratégica do espaço se provará tão mais pertinente quanto mais o espaço estiver implicado no centro de contradições que ele não poderá solucionar por si mesmo: em tal circunstância, banal na empresa, a eficácia dependerá da gestão das tensões que o espaço evidencia, o que pressupõe poder encontrar os compromissos que colocam os acidentes a serviço das finalidades. Tudo isso depende:

→ da compreensão que se terá dos conflitos entre as racionalidades sustentadas pelo espaço; é o que está em jogo na qualidade da análise dos desafios (relação finalidade/estrutura) de que o espaço se mostra portador;

→ do modo a gerir a busca dessas finalidades por meio das ocasiões que podem tanto ameaçá-las ou servi-las; é o desafio da margem de manobra dos gerentes, do projeto e então da exploração, do espaço.

Assim, o espaço "dimensiona", de forma diferente, certas características fundamentais do gerenciamento:

➡ a arbitragem local/global: é, de fato, localmente, em um (ou mais) lugar(es) preciso(s), que se poderá encontrar os compromissos locais que alimentam a busca de um projeto de conjunto;

➡ a arbitragem autonomia/direção: essas arbitragens locais requerem autonomia para aqueles que, localmente, terão de fazê-las, e essa autonomia pressupõe que eles possam se orientar em um ambiente onde eles percebam corretamente qual (quais) direção (direções) se busca privilegiar.

Todas essas *dimensões*, ao mesmo tempo complementares e contraditórias, e cabe dizer conflituosas, constituem as próprias dimensões do espaço. É o que justifica uma condução de alto nível e uma competência metodológica e política do tipo requerido para todo e qualquer gerenciamento de um recurso. Pois o que está em jogo é poder gerir questionamentos de um gênero complexo:

Como um espaço pode ser, ao mesmo tempo, um espaço seguro, um espaço comercial e um espaço de comunicação interna?

Como um espaço pode ser, ao mesmo tempo, um meio de comunicação e um meio de controle?

Como um espaço pode ser, ao mesmo tempo, direcionado para o exterior e para o interior, um espaço mostrado e um espaço habitado, um discurso e um ato?

Como, por fim, o trabalho do espaço organiza e condiciona o trabalho no espaço?

De fato, se existem contradições, é possível geri-las sem constantemente correr o risco do *contrassenso* – isto é, privilegiando uma só racionalidade em detrimento das outras, sem a consideração, sobretudo, do sistema que constitui sua tensão? Portanto, o desafio da condução de projetos que dizem respeito ao espaço, é que não se "de as costas" a essas contradições, segundo uma perspectiva da denegação, que deixa então aos "usuários" a responsabilidade de resolvê-las, mas sem mais ter o poder de mudar de modo substantivo.

O espaço obriga a pensar em conjunto: local *e* global, autonomia *e* direção. Uma estratégia do espaço não pode, desse modo, se contentar com apenas visar a finalidades genéricas; arte do encontro, a estratégia consiste em colocar as ocasiões em uma tensão favorável às finalidades; e como essas ocasiões são inevitavelmente encontradas localmente, o que ocorre com *aqueles que estão lá* só poderá estar relacionada com o conjunto mais amplo da empresa, se as finalidades das pessoas e as do sistema tiverem reconhecido suas convergências/divergências, se as pessoas se sentirem bem dirigidas – e não comandadas – num conjunto em cujo âmbito sua autonomia lhes permitirá decidir com uma "orientação" correta.

Fica claro, portanto, que a concepção do espaço, e depois sua gestão, não depende somente de um método que bastaria seguir para chegar sem muitas dificuldades aos seus fins, mas também de uma estratégia, ou seja, uma abordagem conduzida politicamente.

A metodologia, sem dúvida, é necessária. Ela deve, sobretudo, servir para identificar os critérios e, em seguida, para definir os parâmetros que permitirão *construir o problema* do qual a concepção do espaço tratará de "responder" (mais do que ser considerada como a "solução").

Os critérios se referem às *intenções* que uma edificação precisa conseguir convergir a uma mesma forma, os pontos de vista bastante diferenciados da arquitetura, das funcionalidades, do conforto, da economia de funcionamento, da evolução, do projeto social, da imagem de marca etc.

Os parâmetros se referem às *variáveis* de ajuste de que se dispõe para otimizar o conjunto. Eles podem ser:

➠ parâmetros organizacionais (grau de centralização/descentralização, grau de autonomia/ hierarquização, trabalho individual/coletivo, variabilidade das estruturas etc.);
➠ parâmetros técnicos (unidade de trabalho = posto/módulo, cabeamento por sala/zona, cabeamento/sem fio etc.);
➠ parâmetros espaço-organizacionais (postos de trabalho atribuídos/compartilhados, espaço designado/não designado, espaço codificado/ não codificado, pessoal móvel/estável, espaços coletivos especificados/não especificados etc.);
➠ parâmetros econômicos (faturamento, busca de economia com o imóvel e as instalações/ busca da melhor congruência organização/espaços etc.).

A priori, poder-se-ia pensar que o que determina a organização espacial dos escritórios é principalmente a atividade da empresa. Por exemplo, se esta implica um nível intenso de relacionamento entre pessoas, seria lógico que se tivesse preferência pelos *open space*, os escritórios fechados ficariam reservados àqueles que têm uma baixa interação. Na prática, constata-se que em empresas com atividades similares, as concepções dos escritórios podem ser muito diferentes, enquanto na mesma empresa é frequente que atividades bastante dissimilares sejam abrigadas em locais similares.

Por exemplo, no caso das empresas de seguros, uma das atividades para as quais, nas últimas décadas, mais se construiu edificações significativas e inovadoras no plano arquitetônico, não há como não constatar, por um lado, a sua grande diversidade formal e, por outro, a frequente unidade interior de sua distribuição espacial. Assim, a Lloyds de Londres tem grandes andares abertos; os de Willis Faber e Dumas em Ipswitch, muito densos, são, além disso, atravessados em seu centro por um grande sistema de escadas rolantes formando um hall central. A NMB, em Amsterdã, tem pequenos escritórios coletivos bastante separados uns dos outros; a Nationale Neerlanden, em Roterdã, tem escritórios individuais; a Central Beher, em Appeldoorn, pequenos espaços coletivos semiabertos para um sistema de comunicação interna muito desenvolvido; a Colonia, perto de Colônia, tem uma estrutura em espinha de peixe que se multiplica em torno de um pátio central estruturando as comunicações; e a T. K. produziu pequenos escritórios com divisórias e escritórios coletivos, os quais, desde o princípio, foram previstos para receber divisórias... Seria possível fazer as mesmas observações quanto às sedes de grandes empresas de um mesmo setor, a informática (comparar a Bull, a IBM, a Hewlett Packard, por exemplo, ou ainda a Digital, que pratica, há tempos, o escritório compartilhado ou mesmo virtual), a construção civil, os bancos etc.

É necessário então levar em conta outras dimensões em vez daquelas que, consideradas como funcionais, aparecem à primeira vista como as mais lógicas.

Os desafios do projeto imobiliário da empresa

Os principais fatores determinantes das estruturas espaciais dos escritórios

O mercado de escritórios

As incorporadoras produzem, com mais frequência, escritórios clássicos e eventualmente transformáveis, a partir de traçados de fachadas e profundidades de prédios permitindo várias soluções de distribuição. Suas restrições as conduzem a privilegiar a simplicidade e a economia na construção, mesmo sob o risco de oferecer tão somente possibilidades de organização e condições de trabalho medianas ou medíocres.

Na medida em que são dominantes na produção de edificações terciárias, essas incorporadoras se apoiam na norma de qualidade implícita que constitui o seu parque imobiliário. Isso pode, às vezes, levar a tal distanciamento entre os interesses das empresas e o que é oferecido pelo mercado que este despenca, e inúmeros imóveis permanecem vazios, embora a demanda persista.

No extremo oposto, tem-se o exemplo dos países escandinavos e da Alemanha, onde uma tradição significativa de empreendimento (*maîtrise d'ouvrage*) exercida diretamente pelas empresas e de propriedade imobiliária dá aos escritórios níveis qualitativos muito elevados, tanto na atenção às condições de trabalho quanto para a imagem da empresa. Essa situação, entretanto, só é sustentável quando os custos imobiliários são limitados.

Quando não é esse o caso, as empresas são levadas a privilegiar concepções, permitindo reduzir as áreas e, portanto, os custos. Isso pode ocasionar inovações, tais como as que se baseiam nas tecnologias de informação (a Grã-Bretanha, onde os custos imobiliários são muito elevados, é um bom exemplo disso).

Os comportamentos em relação ao imobiliário

O modo como as empresas encaram seu parque imobiliário é também um fator importante relativo às escolhas arquitetônicas e de organização espacial.

Se o parque imobiliário só é pensado como uma necessidade custosa, é raro que tenha como resultado buscas originais ou interessantes. As direções centrais se interessam pouco pelo assunto, e as soluções clássicas – de preferência, simples e econômicas (como para o caso das incorporadoras) – serão por elas favorecidas. De novo, só a emergência de uma possibilidade de fazer economia pode levar a sair das vias tradicionais.

Contrariamente, mesmo se é ainda raro, a adoção da perspectiva do imobiliário e dos espaços como recurso, em que as estruturas espaciais têm efeitos sobre todo o funcionamento da empresa, permite que as direções busquem, interessando-se pelo assunto, ganhos de produtividade em vez de custos reduzidos. O que leva a inovações e modelos originais.

As tradições arquitetônicas e profissionais

As maneiras de considerar a arquitetura variam de um país para outro, e também de acordo com as tendências arquitetônicas, ou de uma geração para outra. Trata-se, sobretudo, de uma obra, para a qual a forma terá precedência? Isso pode corresponder a uma priorização da imagem por parte da empresa. Trata-se mais de conceber um sistema funcional? O projeto será mais centrado sobre a distribuição dos espaços, os meios para circulação, eventualmente para comunicação. Dá-se mais atenção ao design interior e ao conforto dos usuários? Ter-se-á, ainda, outra orientação, e assim por diante.

Outro parâmetro é o peso profissional dos projetistas. Quando se compara, nesse aspecto, a França com a Grã-Bretanha, por exemplo, os modos de cooperação entre o empreendimento (*maîtrise d'ouvrage*) e a empreita (*maîtrise d'œuvre*) são diferentes, com os profissionais ingleses tendo habitualmente uma maior autonomia, com o risco de produzir mais o projeto deles que o da empresa, enquanto na França isso só existe para alguns indivíduos, aos quais se pede, então, precisamente, que seja produzido um objeto por seu valor intrínseco mais do que por suas qualidades organizacionais ou funcionais.

De maneira mais geral, há, além da arquitetura propriamente dita, todo um conjunto de profissões que acabam contribuindo na concepção (como na realização, mas não tratamos dela aqui) de um projeto imobiliário.

A maneira como esses profissionais se articulam e cooperam entre si e com o empreendedor (*maître d'ouvrage*) influencia, de modo considerável, a qualidade do projeto.

A legislação e as relações sociais

Mesmo que, ao menos na Europa, a legislação comunitária tenda a impor regras similares às empresas, cada país tem sua própria regulamentação e suas próprias tolerâncias, que podem conduzir a escolhas arquitetônicas diferentes. Isso está dirigido particularmente à iluminação natural e afeta, portanto, a profundidade dos pavimentos. Assim, afeta os modelos de espaços abertos, o ruído e, às vezes, os horários de trabalho com consequências significativas em termos de distribuição das áreas ou dos postos de trabalho. As regras de segurança (ou aquelas que preveem o acesso a deficientes) são também aplicadas de forma diferente de um país para outro, e até de um lugar para outro, no mesmo país.

Outra dimensão da legislação se refere ao teletrabalho e a todas as formas de trabalho externalizado. Podem ser destacados, em particular, o trabalho dos terceiros no local do contratante ou o trabalho em domicílio. Isso pode tanto frear as evoluções nos modos de organização do espaço de trabalho quanto incitar a encontrar soluções específicas.

Além da legislação, é preciso também levar em conta as relações sociais na empresa, e especialmente a capacidade das organizações sindicais de influir, diretamente ou por meio de estruturas do Estado, nas condições, em particular espaciais, do trabalho. Seria fácil, assim, contrastar, mesmo que apenas em termos de área por pessoa, os escritórios suecos e os escritórios ingleses ou, mais ainda, os italianos. Mas o que é verdade de um país para outro é também de uma empresa para outra.

A cultura da empresa

Efetivamente, é no nível de cada empresa que acabam se formando as influências mais decisivas. Elas atuam tanto na localização dos imóveis quanto em sua arquitetura e sua organização ou na maneira como são distribuídos os serviços e as pessoas. Sobretudo, representam um referencial em relação ao qual todo novo projeto será avaliado, às vezes, antes mesmo de ser concebido.

Sem entrar em detalhes em todas as dimensões desse fator, podem-se ressaltar alguns pontos:

⮕ A empresa diferencia significativamente a retaguarda - *back-office* - e direção (ou se for o caso, a linha de frente - *front-office*)? A ponto de situá-los em localizações diferentes?

⮕ A empresa é marcadamente centralizada, com um controle hierárquico pronunciado, o que torna difícil a fragmentação das implantações?

⮕ O trabalho é, em grande medida, autônomo ou intensamente controlado? Isso conduz a organizações do espaço diferenciadas?

⮕ Os sinais e marcas de status são reconhecidos ou a organização se pretende mais igualitária? As características do local de trabalho são determinadas pela hierarquia ou pela atividade?

⮕ As relações entre serviços, e entre serviços e direção do local, são do tipo feudal (a posição na organização se lê pela área conquistada e pelo número de pessoas subordinadas, os conflitos entre "feudos" são resolvidos sem intervenção de uma estrutura reguladora central)?

➠ O trabalho é concebido como uma atividade coletiva ou como uma soma de atividades individuais e, até mesmo, concorrentes?

A busca por intimidade é considerada como um valor ou uma doença? É para todos igualmente ou diferentemente, segundo o status na empresa?

Esses poucos exemplos devem bastar para mostrar a que ponto esses fatores podem determinar a natureza, a forma e até o sucesso de um projeto.

Os principais desafios do projeto imobiliário da empresa

Um projeto de construção ou de reforma de uma edificação existente resulta de considerações explícitas de natureza diversa para uma empresa: nova atividade, evolução técnica, obsolescência das edificações ou das instalações atuais, saturação dos locais em função de um crescimento ou de uma modificação das utilizações do espaço, deslocamento de atividades, venda de ativos imobiliários e busca de novos locais etc.

As duas naturezas do projeto

As questões levantadas pela abertura do processo de concepção que esse projeto põe em movimento não são todas da mesma natureza. Algumas dependem de disposições relativamente precisas e, na maioria das vezes, quantificáveis ou formalizáveis (áreas, desempenhos esperados, equipamentos, custo etc.). Outras são menos fáceis de definir, dependendo mais da intuição e se expressando mais por metáfora (a imagem, as qualidades relacionais e de habitação, a relação com a cidade etc.).

Se fôssemos – de maneira caricatural, sem dúvida, porém útil para compreender algumas das questões em jogo – caracterizar essa diferenciação, diríamos que há, de um lado, encadeamentos lógicos, mas parciais, uma racionalidade determinista, não raro certezas, e, de outro lado, o que é transversal, relacional, simbólico, incerto.

Apesar de haver variações de um caso para outro, observa-se uma relativa constância na diferenciação qualitativa dessas duas partes.

Uma segunda observação mostra que, no cotidiano de seu funcionamento, as direções das empresas preferem ignorar certas questões cujo desvelamento ou atualização lhes parecem trazer o risco de fragilizar suas organizações. Essas questões, a parte discreta da organização, são precisamente, na maioria das vezes, aquelas que estão relacionadas ao incerto, o transversal, o simbólico, mas também ao social, o relativo aos conflitos, o contraditório. O termo *irracional* é, com frequência, utilizado nas empresas para designá-las. Sendo irracionais, elas escapam "naturalmente" às lógicas lineares consideradas racionais e que são mais fácil e habitualmente legitimadas.

No entanto, as direções de empresa não podem ignorar essas dimensões da realidade de sua organização, pois são as que dizem respeito justamente a sua direção "política". Na medida em que as estruturas, as maneiras de pensar, as culturas internas não são orientadas de modo a permitir que essas dimensões se enfrentem no âmbito da organização, na medida em que se trata de um domínio de risco, as direções se atêm, às vezes, a negligenciá-las ou a deixar para tratar delas mais tarde.

Um dos momentos da vida de uma empresa em que os problemas que se procura evitar tendem a emergir são aqueles da organização ou da construção de um espaço, o momento em que a empresa se coloca na situação do empreendimento (*maîtrise d'ouvrage*). A terceira observação que sublinharemos incide, portanto, sobre um dos aspectos da demanda feita nessas circunstâncias à empreita (*maîtrise d'œuvre*), a saber, que se encarregue desses problemas. Além disso, fica evidente que, em muitos casos, o anúncio – e os primeiros encaminhamentos – de um projeto imobiliário ou espacial, quaisquer que sejam os motivos explícitos e reais, apresentados, é, ao mesmo tempo, uma tentativa de tratamento de uma situação que a direção da empresa não tem os meios ou o desejo de tratar diretamente, ou de problemas que, até então, em certa medida, lhe escaparam. Um *momento da verdade*, de certa forma...

As expectativas em relação à arquitetura

Um projeto de arquitetura em uma empresa nunca se limita ao que é construído ou à distribuição do espaço. Ele sempre tem uma dimensão organizacional e, invariavelmente, propõe a todos, de maneira sintética, uma representação do futuro.

Durante muito tempo, essa dimensão se limitou à produção de uma "imagem" que supostamente deveria manifestar ou idealizar o que a empresa gostaria de ser ou parecer. No entanto, as questões que o espaço revela ou desperta evoluíram nos últimos anos, integrando certos aspectos das mudanças pelas quais as empresas estão passando, especialmente em termos de empregos e de trabalho e, mais amplamente, a vida econômica e social.

Assim pode-se imaginar, com facilidade, particularmente hoje em dia, a inquietude que o simples anúncio de uma mudança, de um crescimento ou de uma redução das áreas pode provocar em uma empresa; ou ainda as consequências de uma implantação em outra localidade para os assalariados, os clientes, os fornecedores ou o município abandonado. Mas são também as condições e as formas de trabalho, as estruturas e o funcionamento da empresa que se veem envolvidas e, ao menos parcialmente, recolocadas em questão por um projeto desse gênero.

Trata-se, no entanto, de aspectos que as estruturas das empresas só abordam geralmente de maneira parcial, segundo uma racionalidade de encadeamentos isolados uns dos outros: será analisada, por exemplo, a função logística, para a qual serão decididas modificações que tendem a baixar os custos ou a favorecer a reatividade, na melhor das hipóteses, articulando esses dois objetivos. É raro que, ao mesmo tempo, se tenha a preocupação com as consequências dessas decisões nas perspectivas de carreira do pessoal envolvido, nas mudanças dos ritmos de trabalho ou o incômodo que a passagem de empilhadeiras provocará. Quando se trata da distribuição do espaço, os hábitos das empresas são da mesma natureza. Um serviço será deslocado ou transformado para se obter um determinado efeito, sem que se pense realmente nas desordens que isso acarreta em relação a outros critérios ou noutros campos de preocupação, procurando paliativos para estes últimos ulteriormente, segundo um procedimento – e com efeitos análogos.

Inversamente, o modo de trabalho do coordenador de projeto (*maître d'œuvre*), e mais especificamente dos arquitetos, é holístico, transversal às racionalidades parciais, o que evidentemente não significa que eles devam negligenciar a integração de certo número de parâmetros especificados. Os caminhos pelos quais passam – estético, simbólico, antropológico, cultural –, sem ser necessariamente ignorados pela empresa, não são aqueles que ela pratica e reconhece como seus. É por isso, aliás, que muitas vezes se atribui a esse trabalho de arquitetura o qualificativo de irracional. Mas é também essa competência de se manter à distância, de abordar as realidades de outro ângulo, de levar em conta o que normalmente a empresa omite ou evita, que é a razão pela qual se recorre ao coordenador de projeto.

Pode-se acrescentar que o caráter global do projeto de arquitetura corresponde à exigência, para os dirigentes, de ter uma visão de conjunto do futuro de sua empresa, de modo que este possibilite organizar ações parciais cotidianas. Nesse sentido, pode haver uma relação direta entre projeto de arquitetura e projeto da empresa, tanto um como o outro sendo visões, representações, servindo de moldura a todo um conjunto de decisões de ordem mais técnica para as quais os modos de concepção e decisão habituais podem continuar a se exercer.

Algumas consequências para a condução de projeto

É, então, necessário acompanhar a tensão que o desenvolvimento do projeto induz, e, para tanto, antecipá-la logo de início, em vez de tentar reduzi-la artificialmente. Esse componente da condução de projeto é duplamente essencial.

Por um lado, o que está em jogo é a coesão da empresa. Os domínios do incerto, do transversal, estimulados pelo projeto, interferem com as diferentes negociações que a empresa conduz permanentemente e que só podem se efetuar sem risco se houver, como base, uma concordância mínima. O perigo, sobretudo quando se trata de um projeto de vulto, é que se esgarcem as relações já degradadas, que sejam enfraquecidos de maneira incontrolável os consensos práticos indispensáveis ao funcionamento normal da empresa.

O que está em jogo aqui é a comunicação social da empresa. Para que ela se desenvolva, não basta conceber espaços *ad hoc*. As negociações devem permanecer no âmbito em que elas são aceitas ou mesmo buscadas. Isso significa que o projeto não pode escapar a essas negociações, qualquer que seja o método para conduzi-las e a forma que elas assumam. Entenda-se, por isso, que não se trata necessariamente de negociar a decisão do projeto, ou a forma que ele assume, mas de agir de modo que o que ele traz de estranho, de inesperado, de deslocado, de inquietante possa ser introduzido no jogo comunicacional.

Além disso, a oposição entre lógicas que sublinhamos aqui torna particularmente delicada a obtenção de informações sobre as necessidades e as expectativas das pessoas, dos grupos, dos serviços e das unidades. A um dos lados parece que essas expectativas e necessidades são menores ou parciais demais, e o outro lado não percebe como e onde encontrar um meio de agir sobre o que vai acontecer com seus espaços de trabalho.

A dificuldade é ainda maior uma vez que as temporalidades do projeto e do necessário repasse de informações são também divergentes. É apenas à medida que o projeto vai se concretizando, quando ele se tornou uma certeza para todos, e, portanto, quando o essencial das escolhas já foi efetuado, e na presença dessas escolhas, que informações pertinentes podem ser expressas e, finalmente, apreendidas.

Inversamente, no início do projeto, quando as escolhas estão em aberto, quando essa informação seria necessária, é raro que as pessoas e as estruturas envolvidas se interessem efetivamente por ele. O projeto é remoto demais, tanto no tempo quanto no sistema de produção de sentido. Ele, com frequência, a essa altura, não passa, sobretudo nas grandes empresas, de um rumor, às vezes uma vaga imagem, na melhor das hipóteses um assunto de direção geral, sem atualidade.

O que se superpõe aqui é uma distância entre modos de pensar e agir com aquela que separa os responsáveis pela empresa dos que asseguram e assumem o seu funcionamento cotidiano. A maneira como é gerido o risco de ruptura cultural e social que disso decorre é, tanto quanto a arquitetura, uma das condições essenciais do sucesso de um projeto imobiliário de empresa, sobretudo quando este é de certa envergadura. É, portanto, também um dos parâmetros que devem ser levados em conta na concepção arquitetônica.

O gerenciamento do projeto

O sistema constituído pelos elos entre as intenções, as variáveis de ação e os métodos define a "margem de manobra" dos projetistas e, depois, dos usuários do espaço. É a existência dessa margem de manobra que permite pensar o espaço em termos de estratégia, já que não existe um "método de decisão", nem em termos de concepção nem em termos de exploração.

Os métodos clássicos de projeto se caracterizam por sua linearidade e sua sequencialidade; as abordagens mais estratégicas procuram desenvolver métodos mais iterativos, participativos e convergentes com as finalidades globais da empresa.

Outra distinção também opera, independente da precedente. As abordagens gerenciais anglo-saxãs, sobretudo americanas, apreendem mais a empresa sob o ângulo do clima, da ambiência, em termos de meio ambiente em relação ao qual elas se preocupam em saber se os "utilizadores" nele se sentem "confortáveis": a relação "cliente–fornecedor" impregna as relações sociais, e é essa acepção que, então, inspira a concepção espacial. As empresas "latinas", europeias, sobretudo francesas, desenvolvem modelos menos espontaneamente psicossociológicos, e colocam a questão do trabalho, a atividade dos assalariados, e não somente seus sentimentos, mais no centro da abordagem. Então, há duas tonalidades diferentes nas abordagens gerenciais que são também encontradas no próprio conteúdo da organização e, portanto, nas preocupações que acompanham a concepção dos espaços terciários. Arriscando uma caricatura, poder-se-ia resumir esta questão opondo uma abordagem de concepção do espaço/imóvel de escritórios a uma abordagem de concepção do espaço/imóvel de trabalho nos escritórios.

Os esquemas clássicos da condução de projeto de construção

Essencialmente, o esquema clássico é sequencial e hierárquico. Ou seja, é preciso poder cruzar as sequências e os atores. Três atores-chave dominam a paisagem aqui: o empreendedor (*maître d'ouvrage*), o coordenador de projeto (*maître d'œuvre*) e o prestador de serviços.

O problema decorre do fato de eles serem considerados como atores singulares, enquanto, na verdade, eles são, na maioria das vezes, plurais: a coordenação do empreendimento (*maîtrise d'ouvrage*) é dependente de contextos locais, por exemplo, ele fica na encruzilhada de vontades e intenções diversas e não é realmente uma unidade homogênea, mesmo quando alguém – um diretor de empresa – toma as decisões. A coordenação de projeto *(maître d'œuvre)* agrupa arquitetos e escritórios de estudos técnicos, e as empresas de prestação de serviços são numerosas, principalmente se a obra for vultosa.

Pode-se ressaltar outra dificuldade: o modelo clássico – e nisso esse classicismo está em total consonância com a hipótese clássica de gestão de uma informação perfeita daquele que decide – pressupõe que o empreendedor *(maître d'ouvrage) sabe* precisamente o que ele deseja, que o coordenador de projeto *(maître d'œuvre)* dá forma fiel a esse desejo – aqui também a ideia se relaciona com o modelo taylorista que atribui aos "métodos" a capacidade de formatar segundo o modo unívoco dos objetivos coerentes e homogêneos aos meios de produção disponíveis –, e que as empresas prestadoras *executam* o que o arquiteto projetou – encontrando-se aí o "executor" taylorista que supostamente age em um espaço operatório inteiramente estabilizado.

Anteprojeto	Definição dos objetivos do sítio e do programa, (prescrições ao coordenador de projeto - *maître d'œuvre*, áreas, desempenhos etc., incluindo o preço).
Projeto	Esboço. Anteprojeto sumário (APS). Anteprojeto detalhado (APD). Memorial descritivo estimativo. Licitações de empresas e eventuais negociações.
Obra	Dossiê de execução da Ordem de Serviço até a entrega.

O princípio é que cada ator seja responsável por sua própria fase, sob o controle do ator da fase anterior, que valida o desenvolvimento e o resultado da fase em curso.

Na prática, cada vez mais, ocorrem interações. Por exemplo, o coordenador de projeto – *maître d'œuvre* – propõe modificações de programa, ou a empresa prestadora propõe modificações relativas à arquitetura, que serão negociadas. Além disso, a fase de programação se desenvolveu muito.

É preciso observar aqui que a noção de projeto é ambígua:

⫸ para o empreendedor (*maître d'ouvrage*), é a obra a construir;
⫸ para o arquiteto, é o seu trabalho, donde a ideia que o programa pertenceria ao anteprojeto.

Seja como for, é de fato aí que se decide o essencial. Essa fase, além disso, em geral, dura bem mais tempo do que a do "projeto" de arquitetura.

Em última instância, o esquema sequencial que, vale lembrar, inspira quase todas as abordagens atuais de concepção espacial pode ser resumido pelo seguinte encadeamento:

Interrogação	Há razões para se fazer alguma coisa, mas nada definido, nem a *fortiori* decidido. Hipóteses são formuladas, estudos diversos podem ser realizados sobre diversos aspectos parciais (estado dos mercados, dos custos, etc.).
Definições	Primeira definição de uma construção (ou reforma) possível. Por exemplo: uma sede social. Estabelecimento de um primeiro cronograma. Designação de um responsável pelo projeto e/ou distribuição dos estudos entre os serviços, ou a terceiros, consultores etc.

Estudos prévios	Estudos de viabilidade. Estudo de financiamento e, eventualmente, de busca de financiamento. Procura de um local, estudo técnico e urbanístico.
Decisão de prosseguir	Liberação do financiamento de estudos. Designação de uma equipe responsável pelo projeto. Publicidade do projeto, interna/externa.
Programação	Análise das necessidades, definição das intenções. Memorial descritivo. O período de programação pode ser o momento ideal de divulgar o projeto; sobretudo, é o momento em que se colocam questões sobre as transformações que o projeto acarretará, se ele se realizar, para o quadro de pessoal e a organização.
Concepção	Decisão de prosseguir. Escolha do coordenador de projeto (*maître d'œuvre*). Concepção (Esboço, APS, APD). Concepção eventualmente separada das instalações (organização interior, planejamento do espaço, mobiliário etc.). A questão importante aqui é saber em que medida o coordenador de projeto – *maître d'œuvre* – está direta ou indiretamente em contato com os componentes da *maîtrise d'ouvrage*. Ele recebe informações sobre o trabalho por intermédio de quem?

Obra	O momento dos ajustes necessários por iniciativa de um ou outro dos parceiros. Paralelamente à obra, certas questões serão abordadas: distribuição interna e mobiliário, modos de gestão do edifício etc. Boa parte do que diz respeito ao "uso" começa a ser trabalhada nesse momento.
Entrega	
Entrada em serviço	Chegada dos "usuários".
Vida da edificação	

Conceber novas abordagens de concepção

O desafio é, portanto, que a abordagem de concepção esteja situada na ótica de conceber um espaço possível de ser gerido enquanto "recurso" da empresa.

As duas naturezas da "participação"

Os esquemas clássicos pecam por aquilo que faz a sua particularidade: a linearidade e a falta de transversalidade, duas dimensões subjacentes às evoluções na condução de projetos industriais. As razões que impelem a essas evoluções na engenharia de projeto industrial são, entretanto, muito próximas daquelas que interessam a todo projeto: em todos os casos, trata-se, com as especificidades próprias à natureza de cada projeto, de pensá-lo na escala econômica e relacionada à estratégica global da empresa, de certo modo, *desespecializando-o*, ultrapassando a sua dimensão técnica e, para tanto, organizando o concerto sinérgico do conjunto das competências úteis.

Esse aspecto é essencial: participar não significa aqui, como com frequência é dito ou compreendido, "implicar" os atores para que eles "adiram" a um projeto fundamentalmente concebido sem eles – o que se espera, nesse caso, é que, assim, ao menos, eles não se oporão –; participar significa, pelo contrário, solicitar a competência dos atores como recurso necessário para a concepção de um sistema, pouco importando se técnico ou espacial, com a compreensão de que, caso isso não ocorra, a eficácia desse sistema corre o risco de ficar significativamente reduzida, em decorrência da pertinência das escolhas não ter sido realmente validada em termos de adequação às necessidades, de avaliação dos novos constrangimentos e, portanto, do nível de engajamento que ele vai efetivamente requerer – o que nós chamamos de eficiência.

A diferença não se dá, portanto, apenas em termos de forma. É, sobretudo, uma diferença de fundo, em termos do que está em jogo:

➠ *industrial e economicamente*: a questão diz respeito ao nível de risco que a empresa aceita ao usar uma abordagem que não lhe permite mobilizar seus próprios recursos internos e que pode criar impasses significativos no funcionamento real do sistema projetado;

➠ *política e socialmente*: a questão diz respeito ao nível de risco que a empresa aceita quando se recusa a se engajar num verdadeiro abandono do modelo taylorista. Uma estratégia assim consistiria, de fato, em mobilizar o pessoal para o processo de concepção, como projetistas plenos, ao lado e com o auxílio dos "projetistas profissionais" que encontrariam igualmente nessa nova dinâmica o meio de raciocinar em uma escala mais coerente com o horizonte da empresa e, portanto, a oportunidade de uma profissionalização essencial de seu papel: um dimensionamento estratégico de suas competências técnicas.

Uma concepção mais gerencial da coordenação do empreendimento (*maîtrise d'ouvrage*)

A questão não é apenas que o modelo clássico introduz o coordenador de projeto (*maître d'œuvre*) tarde demais no processo, é sobretudo, e uma coisa explica a outra, que introduzir o coordenador de projeto (*maître d'œuvre*) mais cedo pressupõe da parte do empreendedor (*maître d'ouvrage*) uma abordagem completamente diferente:

➠ *interna*: uma explicitação validada de suas necessidades – que pressupõe a capacidade de colocá-las em discussão de uma maneira que garanta a qualidade e a sinceridade das contribuições;

➠ *externa*: sua capacidade de também ouvir as necessidades e os constrangimentos a que está submetido o coordenador de projeto (*maître d'œuvre*), do arquiteto, no caso, sem a qual não haverá encontro, nem internamente com os assalariados da empresa nem externamente com os fornecedores. Isolado, então, em uma definição necessariamente muito técnica de seu projeto, o coordenador de projeto (*maître d'ouvrage*) assume sozinho todos os riscos, e forçosamente só terá como recurso procurar repassar os problemas aos futuros "usuários" quando as inevitáveis derrapagens da "utilização" começarem a produzir efeitos "custos".

Se, para concluir, entrarmos no registro do desenvolvimento temporal, caberia dizer que o modo de gestão estratégica do projeto introduz duas diferenças essenciais:

a) uma maior intimidade, uma confiança melhor entre o empreendedor (*maître d'ouvrage*) e o coordenador de projeto (*maître d'œuvre*) que conduz este último a entrar mais cedo no projeto para que nele sejam reconhecidos os constrangimentos aos quais está submetido (a relação aqui não é mais a de cliente-fornecedor, mas de colaboração num projeto comum) e a permanecer disponível mais tarde para as evoluções possíveis do projeto;

b) uma abordagem do recurso espacial em uma perspectiva que ultrapassa a simples questão da concepção do espaço, ou mesmo da "condução de projeto", já que se coloca no horizonte da duração de vida do espaço em questão, e dos serviços que ele pode oferecer à comunidade que abriga: o que leva a uma maior intimidade, uma confiança melhor entre os diferentes atores que configuram internamente não somente, portanto, o empreendedor (*maître d'ouvrage*), mas também a comunidade dos futuros exploradores–desenvolvedores–gestores desse recurso, o que designaremos mais adiante como a *maîtrise d'usage ("coordenação da utilização")*.

Figura 2 *Esquema de desenvolvimento do processo de cooperação Empreendimento/Empreita.*

partir das "necessidades"	1	**Empreendimento**
definir "expectativas"	2	
construir a(s) "demandas(s)"	3	
estruturar a "oferta"	4	
realizar o "projeto"	5	
"condução de projeto"	6	**Empreita**
realização	7	
entrega	8	
funcionamento	9	
avaliação	10	

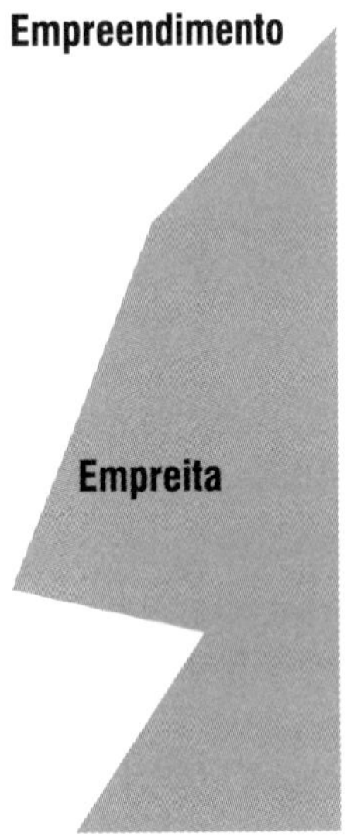

O esquema proposto, a trabalhar localmente, resume a nossa proposta. Ao sublinhar os pontos mais importantes, ele lembra que o que está em jogo é o fato de que muitos "projetos" não se baseiam em nenhuma "demanda", que muitas demandas não correspondem a nenhuma "expectativa", e que muitas expectativas não se relacionam a nenhuma "necessidade".

Então nossa proposta pressupõe:

⟶ Partir das *necessidades*: identificar os problemas para os quais se deseja que o projeto possa trazer auxílios.

⟶ Definir as *expectativas* dos diferentes atores em relação à oportunidade que o projeto pode representar.

A passagem das necessidades às expectativas pressupõe raciocinar em termos daquilo que está em jogo. Associar o coordenador de projeto (*maître d'œuvre*) desde essas etapas é essencial: é o meio de se beneficiar de suas análises e de colocá-las em circulação nessa fase de definição das razões, necessariamente múltiplas e contraditórias, que impelem ao projeto; é também reconhecer como, a priori, legítimas as expectativas do coordenador de projeto (*maître d'œuvre*), a dimensão de seu próprio projeto dentro do projeto de seu "cliente", condição de um verdadeiro encontro entre os parceiros de um projeto realmente comum.

Essa disposição tem uma consequência imediata muito importante. Essa consequência implica que o procedimento de concorrência não pode mais ser concebido da mesma maneira:

a) do ponto de vista de seu conteúdo: trata-se de escolher um coordenador de projeto (*maître d'œuvre*) capaz de participar da "construção dos problemas" e não apenas de sua "solução", capaz, portanto, de uma abordagem estratégica e dotado de uma sensibilidade organizacional, sustentada por uma metodologia e uma abordagem gerencial e política dos problemas;

b) do ponto de vista de sua agenda: trata-se de solicitar coordenador de projeto (*maître d'œuvre*) muito mais cedo e por muito mais tempo do que ocorre habitualmente.

➠ deve-se construir a demanda (ou as *demandas*): o que finalmente será buscado por e por meio do projeto, no término das confrontações entre as expectativas, e das expectativas com as possibilidades.

O projeto não é a "edificação", é algo completamente diferente, é a empresa. A edificação constitui o término visível do trabalho da demanda, a respeito do qual se ressaltou antes que não se desenvolve exclusivamente internamente, mas ganha ao associar a ele o coordenador de projeto (*maître d'œuvre*). É importante insistir nessa ideia de *trabalho da demanda*, pois ela pode assumir todas as formas imagináveis: do encontro de cúpula entre o chefe da empresa e "seu" arquiteto – da qual se pode recear que nada mais produza do que um reforço de seus respectivos modelos quanto à abordagem globalizante – à transmissão de ordem por meio de um memorial descritivo técnico. O desafio é abrir espaço a um processo de encontro entre a *empresa* organizada como coordenação do empreendimento (*maîtrise d'ouvrage*) e um coordenador de projeto (*maître d'œuvre*) efetivamente solicitado a intervir numa abordagem de produção de recurso.

Condução de projeto e relações de prescrição

Se, portanto, um *projeto* não é jamais redutível nem a um programa ou nem mesmo a uma formatação, nem à atividade dos profissionais que dele participam, é o *processo* do projeto que deve nos interessar.

No interior do coletivo de intervenção que o dispositivo de projeto institui, cada uma das competências envolvidas pratica "uma determinada relação com a prescrição" que é importante compreender para fazer que evolua, mas que também é preciso praticar para poder compreendê-la. Nós privilegiaremos aqui as dos contratantes, as do arquiteto e as do ergonomista.

As posições do empreendimento (*maîtrise d'ouvrage*) e da empreita (*maîtrise d'œuvre*) constituem, institucionalmente, e, sobretudo sob o regime – divulgado ou alterado – da lei francesa sobre o empreendimento público que fundamenta a distância entre elas, dois polos de articulação muito estruturantes no desenvolvimento de um projeto. O modo que os institui, por si mesmos e na relação entre si, é, portanto, decisivo.

Por isso, o empreendimento e a empreita definem papéis que se exprimem *no interior do processo do projeto,* do mesmo modo que o sociólogo, o ergonomista, o profissional de prevenção e o programador definem papéis que intervêm *no processo de programação;* "papel" sendo entendido aqui no sentido de competência não redutível a uma profissão que dele teria a exclusividade.

O contratante: empreendedor ou usuários

As organizações que nos interessam aqui não são empreendedoras, mas passam a sê-lo *uma vez* decidido construir, e pelo tempo que dura a construção (a palavra aqui significando o ato de construir e não a edificação construída, terminada). Essa atividade não é para elas "natural" nem, com frequência, familiar, e, como elas só a assumem na perspectiva de utilizar essas edificações, elas são mais usuários.

Esse papel que o usuário assume tem cada vez maior importância, pois é em nome de deles que essas instituições são levadas a se tornarem empreendedoras. A explosão da gestão de serviços (*facilities management*) testemunha de forma bastante explícita essa primazia do papel do usuário, da qual dependem eventuais momentos de empreendimento, relacionados aos objetivos e estratégias da instituição.

O *uso* integra, é claro, aqueles que usam esses lugares em seu trabalho, para o seu trabalho, que nele trabalham. Disso advém um caráter potencialmente complexo ou mesmo conflituoso da posição do usuário, que precisa satisfazer as diferentes maneiras de usar os lugares (por exemplo, nos serviços, contradição entre os espaços para o público, espaços de transação, e os de trabalho), respeitando, ao mesmo tempo, outros objetivos intermediários ou finais da empresa (por exemplo, reduzir os custos de imobilização e mais amplamente os custos fixos, entre os quais o imobiliário).

O que está em jogo nessa distinção evidentemente não é apenas uma questão de terminologia. Ela induz uma diferença na organização da atividade prescritiva, que desloca um pouco a posição habitualmente atribuída ao empreendedor. Sublinhemos, quanto a isso, que essa imagem do empreendedor está, em parte, relacionada a certas particularidades da sociedade francesa, a ponto, inclusive, desse termo não ser passível de tradução em nenhuma língua europeia[2].

O projeto, fundador de um empreendimento

Não é o empreendimento que define o projeto, mas o projeto que institui o empreendimento a partir do momento em que ele se torna necessário ao projeto. Desse ponto de vista, o projeto real (ou seja, a intenção) começa bem antes do projeto formal (ou seja, a forma que se trata de conceber).

---

[2] Essas particularidades francesas foram analisadas em particular por Philippe d'Iribarne em : D'IRIBARNE, P. *La logique de l'honneur.* Paris: Seuil, 1989. Sobre a história da noção de - coordenação do empreendimento - *maîtrise d'ouvrage*: LAUTIER, F. La situation française: manifestations et éclipses de la figure du *maître d'ouvrage*. In: BONNET, M. ; LAUTIER, F.(eds.). *Les maîtrises d'ouvrage en Europe, évolutions et tendances*, Paris: PUCA, 2000.

92 · Ergonomia e condução de projeto arquitetônico

Esse aspecto é essencial para compreender a posição dos vários envolvidos e, sobretudo, o do empreendedor. Só há relação de prescrição após a decisão de construir. Antes, há eventualmente necessidades exprimidas, ou desejos, demandas etc.; pode haver hipóteses, estudos, esboços etc. Não são prescrições, mas podem conduzir a elas, especialmente à decisão de construir. Nessa fase, consultores intervêm, mas também, e talvez sobretudo, os não especialistas utilizadores reais ou potenciais. Os consultores, ou especialistas, têm, com frequência, o papel implícito ou explícito de buscar e mobilizar esses saberes não especializados, baseados nos usos anteriores, nas representações, nas imaginações. E é esse, pode-se supor, um espaço de intervenção estratégico para a ergonomia.

Nesse aspecto, a história da concepção do Tecnocentro da Renault na região parisiense é particularmente esclarecedora. Uma quinzena de anos se passou entre os primeiros esboços de alguma coisa, por sinal, respondendo a necessidades que não eram aquelas às quais ele quis, por fim, responder, e a decisão de realizar alguma coisa. A princípio, a Renault tinha um problema de utilização das áreas de sua unidade em Billancourt, que iam ser liberadas pela realocação de unidades de produção. Foi ao interrogar projetistas sobre o que poderia, afinal, preencher esse vazio, que alguns deles começaram a exprimir orientações organizacionais, que nem de longe estavam na ordem do dia. Outras ideias surgiram, espaciais ou organizacionais, que foram amadurecendo. Já outras desapareceram. Sete anos depois dos primeiros estudos oficiosos, um esboço foi pedido ao mesmo "consultor" (interno, no caso). Foram necessários, ainda, três anos para se chegar a uma decisão e a Renault assumir, nesse caso, o hábito e as funções *de empreendedor*, e, então, um diretor de projeto ser nomeado.

O empreendedor passa a assumir esse papel pela decisão de construir em um processo de projeto em que nada implica que ele desemboque nessa decisão. O número de processos interrompidos antes de qualquer construção é bem maior que o das decisões de construir. Assim deve-se notar o caráter muito particular desse momento: sem que se trate de uma descontinuidade – não há corte, ruptura no processo – há mudança de registro. Além disso, nada impõe que seja aquele que decide que assuma a empreita. Trata-se de duas funções diferentes. Disso decorre com frequência um novo desdobramento do empreendimento entre decisão política e gestão de projeto. Esta última pode muito bem ser confiada a um terceiro, um *gestor de projeto*, por exemplo, profissão que tem se desenvolvido notavelmente.

A condução de projeto, entre amarração e processo

A condução de projeto não é um processo de *resolução* de problemas: a empreita não tem como missão "resolver" – ou seja, "encontrar soluções", *dissolver* – os problemas colocados pelo empreendedor, mas trazer uma ou mais respostas ao que permanece não respondido, um problema para o usuário.

É preciso superar a representação da conduta de projeto que sequencia os papéis em fases ou etapas dissociadas: a prescrição, que seria responsabilidade exclusiva do empreendedor, a concepção confiada à empreita, a execução e a construção, sendo atribuição das empresas contratadas etc.

A empreita não é uma execução, o coordenador de projeto não é um executor

O trabalho do coordenador de projeto nunca pode ser reduzido ao conjunto das prescrições colocadas, "impostas" no programa. A formatação transforma a prescrição por meio de uma mudança de registro que consiste em passar de um modo discursivo a uma forma (matéria organizada que tem sentido e resiste). Mas, sempre, esse procedimento é interativo e iterativo no *processo* do projeto.

No que se refere à condução do "projeto arquitetônico", é preciso distinguir entre arquitetura e arquiteto:

➥ A arquitetura é uma *organização* que inscreve entre dimensões não homogêneas (técnicas, sociais, simbólicas, financeiras, organizacionais etc.) relações que ela regulou. Para além da simples combinatória e dos compromissos, essa regulação estabelece no espaço uma "forma" que as integra e as supera oferecendo uma maneira de vivê-las. Essa forma não é uma solução, mas uma *resposta* que reúne em um "quadro" material único os diferentes planos/problemas cujo conjunto formava o programa. Assim, não há a rigor um "projeto arquitetônico", a não ser por conveniência de linguagem. Há uma arquitetura do projeto (organizacional, social, política etc.). A arquitetura é formatação daquilo a ser construído, daquilo que existia sob uma forma discursiva ou em "imagens". Ela sinaliza, assim, uma mudança de registro. Mas, ao mesmo tempo, não há necessariamente descontinuidade, pois a arquitetura é parte do projeto, é uma de suas modalidades particulares, indispensáveis. Por isso, ela não é necessariamente o apanágio apenas do arquiteto. Sob a condição de que não seja artificialmente rompida (pela aplicação de uma lei, por exemplo) a continuidade do processo, sinergias (ou seja, cooperações na cascata de papéis que liga o usuário ao coordenador de projeto passando pelo empreendedor) são possíveis. No entanto, as responsabilidades de cada uma delas permanecem. Cabe, sempre, ao coordenador de projeto responder pela forma construída, ao empreendedor, responder pela adequação da obra às necessidades/demandas/desejos/objetivos formulados pelo representante dos usuários, por sua vez, por fundamentar corretamente sua necessidade e os meios necessários a sua realização.

➠ O arquiteto é um *organizador*. Sua responsabilidade e sua competência (ou seja, seu trabalho) consistem em superar as tensões entre as dimensões heterogêneas do programa pela invenção de uma "forma" que instaura uma maneira de ver, um ponto de vista, uma expressão singular da materialização de dimensões múltiplas. Para *manipular* esses diferentes domínios (técnicos, econômicos, funcionais, simbólicos, estéticos etc.), o arquiteto *maneja* conhecimentos próprios a um ofício, provenientes de um patrimônio comum, uma "linguagem" que lhe confere uma autonomia na "escrita" arquitetônica; conforme a sua maneira de escrever, produzir-se-á, ou não, arquitetura. O desafio central é compreender de que modo a *resposta* do arquiteto, necessariamente *autônoma*, constrói um novo problema que então cabe ao ergonomista – entre outros – objetivar para preparar – ou seja, conceber – os meios para que os futuros "usuários" possam assumi-lo, enfrentá-lo, em outras palavras, responder a ele por sua vez. É, portanto, essencial que os usuários e a coordenação do projeto saibam reconhecer nessa escolha seu valor de resposta, e que se preocupem, então, não tanto com prescrever mais ou mesmo melhor, mas com se tornar *demandantes* de uma maneira de *assumir conjuntamente* as questões do projeto. É essa, em nossa opinião, a razão e o desafio de escolher uma *equipe* em particular em vez de um *projeto* em particular, se o que se quer é acompanhar corretamente o *processo* inclusive na sua *intenção*.

Como, para o empreendimento, é preciso enfatizar aqui que a empreita só existe *enquanto* o projeto a requer, ou seja, na medida em que dela se espera um resultado *material* que assim *realiza* o projeto. E é por isso que a complexidade crescente da empreita se limita cada vez menos aos arquitetos tão somente, a ponto da presença deles às vezes limitar-se ao metafórico, e de uma parte considerável do processo de concepção escapar ao "projeto"... Se, além disso, não se ficar limitado ao modelo único da lei francesa relativa ao empreendimento público, verificar-se-á que, nas empresas, boa parte da concepção dos locais de trabalho escapa completamente a esse modelo e, com frequência, aos arquitetos.

É o mesmo caso com todas as empreitas (inclusive na informática, por exemplo): um projeto é sempre *um processo no qual a instrução do problema gera novos problemas de novas naturezas...* e a gestão desse processo caberá sempre à competência e à responsabilidade dos "utilizadores". Segundo esta acepção da conduta de projeto em que os representantes dos usuários cumprem plenamente o seu papel, conceber é menos procurar reduzir a distância entre o prescrito e o real do que prever no prescrito os meios (ou seja, o valor de recurso do prescrito) de *fazer alguma coisa* com o real.

O empreendimento não é só uma prescrição, o empreendedor não é só alguém que dá ordens

Do lado do empreendimento, as coisas não são mais simples. A atividade de prescrição é complexa. Ela não é "homogênea", e a empreita não pode ser reduzida apenas ao *empreendimento*.

Para retomar aqui uma fórmula de Clot, o projeto de um empreendimento é "o modelo resfriado" dos compromissos com frequência construídos acaloradamente entre *os projetos* das diferentes partes envolvidas no âmbito dos usuários. A questão é, então, poder confrontar essas diferenças, superar a heterogeneidade das dimensões em causa e colocar em conjunto *no* projeto *os* diferentes projetos de que ele é feito. Ou seja, "gerir", ter essas tensões *sob controle*: com efeito, é precisamente porque o ergonomista sabe que é na atividade de trabalho dos operadores que por fim se arbitram os conflitos não resolvidos a montante – não raro porque eles são denegados pelos usuários –, que ele defende a ideia de reconhecê-los o mais cedo possível, não tanto para resolvê-los, mas para melhor *instruir* as condições que permitirão aos operadores melhor geri-los em situação, ou seja, eles também *terem parte no controle.*

Sustentando essa diversidade das lógicas de ação, há a diversidade das lógicas de atores: direção imobiliária, direção financeira (tensionada entre a lógica orçamentária do investidor e lógica de funcionamento do utilizador), direções de uso (essas tensionadas entre si, e dentro de cada uma delas, entre os diferentes atores que estão longe de ter, em conjunto, uma visão compartilhada do que está em jogo no projeto).

O espaço e o tempo do ergonomista no projeto

O ergonomista deve poder se posicionar em todos os momentos e todos os níveis em um projeto. Em si, isso basta para invalidar o princípio de um autor, de um começo e de um fim únicos em um projeto. Mas isso fundamenta também a importância dos momentos privilegiados em que *alguma coisa* se efetua (como os momentos da decisão e da formatação) e, portanto, igualmente a importância da intervenção dos ergonomistas nas diferentes fases do projeto.

Um projeto sempre se encaixa em outro, em outros, de modo que é, sobretudo, a articulação dos projetos que precisa ser compreendida, sob o ângulo das finalidades que essa articulação busca, a estratégia que ela desenha, e, em consequência, as margens de manobra que é preciso saber em tudo isso ocupar, desenvolver.

Há uma multiplicidade de ocasiões para intervir no processo-projeto. O essencial na "preparação" da intervenção não é tanto *se fundar no timing* do projeto, mesmo sendo o mais cedo e o mais a montante, mas *estar preparado para todos os encontros* em que o projeto irá se definir.

Ao longo de toda a *realização* do projeto – processo pelo qual o projeto realiza sua intenção por meio da forma como são atualizadas suas possibilidades –, as prescrições iniciais do empreendimento enquadram os inevitáveis transbordamentos de uma dinâmica que opera, de fato, sem um "alvo" real, mas mais com um final não conhecido antecipadamente – de modo que não se avalia um projeto em termos de desvios do alvo, mas mais em termos de possibilidades novas, oportunidades aproveitadas para evoluir. A definição das necessidades dos futuros usuários só faz sentido se a fase de programação constrói essa ligação entre as interações múltiplas de lógicas distintas, ou mesmo contraditórias. Por exemplo, em um hospital, entre projeto de estabelecimento, projeto médico, projeto de organização, projeto de espaço, não há "solução de continuidade" – ou seja, dissolução das rupturas – mas tensão entre dimensões logicamente heterogêneas que pressupõe uma instrução contraditória. Vê-se aqui que o papel do ergonomista consiste, junto aos usuários, em instruir essa tensão do *ponto de vista do trabalho*. A outros caberá instruí-la do *ponto de vista que cabe a eles defender*, também, nesses projetos.

Esse aspecto levanta a questão do *horizonte* do projeto: é ele o estudo de viabilidade (empreendimento), a análise das necessidades e a programação (empreendimento), o projeto (empreita), ou a realização (empreito)? Ou ainda mais adiante no tempo, o funcionamento real, ou seja, nos usuários é que se reencontra a tensão original entre os portadores dos objetivos do projeto, e aqueles que terão de operacionalizá-lo depois do desvio pela "condução do projeto"? É bem sabido que quanto mais um projeto é sequenciado, mais difícil é manter a sua unidade, e mais *o prosseguimento da concepção no uso* assume ares de resgate.

Decorrente do aspecto precedente há a questão do *lugar* dos atores e, entre eles, o ergonomista, no projeto e, em consequência, *da parte* que lhes é reconhecida na relação de prescrição.

O processo contínuo que o projeto realiza se inscreve em alguma coisa mais vasta onde o projeto tem sua fonte e os atores (especialmente o empreendedor, mas também o coordenador de projeto) encontram seus lugares e, mesmo, seus nomes, com responsabilidades que correspondem a mudanças de registro (mudanças de potencial).

No entanto, essas mudanças de registros não são compartimentalizações. O que as conecta determina a continuidade do projeto. Assim, coloca-se a questão da persistência de uma estruturação que, ao compartimentar, põe o projeto em perigo. É que entre o prescrito que valoriza o princípio de separação e de distinção e o "real" – ou seja, aquilo que resiste a esse princípio –, que solicita cooperação, relacionamento, encontro, convergência, no tempo e no espaço (territórios, domínios, funções), encontram-se os limites de toda ambição organizacional. A vocação de toda organização é racionalizar para reduzir a incerteza, mas sua experiência mostra que essa intenção é posta à prova pelo real, de modo que, no fim, *a ação organizada,* como é o caso da condução de projeto, se decide na maneira de enfrentar o que resiste à racionalização.

A dificuldade é, portanto, de ordem conceitual: pensar a contribuição das diferentes participações em termos sistêmicos e, assim, abandonar o paradigma (taylorista) da imputação elementar causal.

Pode-se dizer de outra forma, em termos mais "econômicos": a condução de projeto depende mais da relação de serviço do que apenas da prestação de serviço. Ora, quanto maior o engajamento na *relação de serviço,* mais é preciso sair da ideologia causal para investir no processo (HUBAULT, 2002). Jacquart utiliza a metáfora da navegação para explicar a sua maneira o impasse criado pelo modelo que pretende dar uma parte própria àquilo que só existe em conjunção:

> Você está em um veleiro e quer se dirigir para o oeste, mas o vento vem justamente do oeste e o impele na direção oposta. O vento está contra você. Há, todavia, uma solução: 'bordejar', dirigindo-se alternativamente a NO e a SO. Embora contrário, o vento faz que você avance, porque a resistência da água engendra uma força que, associada à do vento, dá uma resultante indo nessas direções. Você enfrenta dois obstáculos: a água que resiste à sua passagem e o vento que o impele na direção oposta; mas a ação conjugada deles permite que você realize o seu pro-

jeto. Caso se coloque a questão "qual a parte do vento, e a da água, na velocidade obtida?", não cabe evidentemente responder. Nenhuma dessas duas causas pode, isolada, produzir esse efeito; ele não resulta de uma soma das forças em ação; ele é obtido pela conjugação de suas ações (...) A evocação de "partes" associadas a cada uma das causas em ação pressupõe uma soma delas, quando é a interação delas que intervém. Fazer belos cálculos para determinar essas partes é, portanto, se envolver em uma mistificação (JACQUART, 2000).

Se, dessa forma, não há verdadeiramente uma origem do projeto, há *momentos* cuja articulação tece o processo. É esse o desafio do papel do chefe de projeto: assegurar a articulação quando ocorrem as mudanças de registro, permitir a passagem de um ao outro, evitando a ruptura. Em cada um desses pontos corre-se o risco da fragilização do projeto, ou inversamente tem-se a oportunidade de seu reforço: é nisso que eles são *estratégicos*.

Mas é esse também, para nós, o desafio do papel do ergonomista: não tanto resolver os problemas, mas, em vez disso, construí-los de maneira que aqueles que vão conduzir a operação possam, por conta própria, geri-los em situação real. Seu lugar, assim sendo, não é evidente na organização habitual do projeto: fazer valer o ponto de vista do trabalho remete, sobretudo, à noção de usuário, e em particular à representação, direta ou indireta, dos usos do trabalho. É apenas secundariamente, a nosso ver, e na perspectiva de valorizar essa relação com o uso, que o ergonomista pode se posicionar mais particularmente, em razão das ocasiões, do ponto de vista da coordenação do empreendimento (MOA) ou do ponto de vista da coordenação do projeto (MOE). *Para ser eficaz*, o ergonomista, menos do que aderir à organização prescrita do projeto, deve participar da reorganização do projeto valorizando os recortes/agrupamentos mais favoráveis ao "ponto de vista do trabalho", necessariamente mais transversal.

A montante dessa questão, há ainda esta: qual é o elo entre inovação *na* condução de projeto e inovação *pela* condução de projeto? É, na maioria das vezes, quando há a aceitação formal pelo empreendedor dos saberes não especializados, quando há uma verdadeira busca de articulação entre projeto imobiliário e projeto organizacional, que o projeto e o produto são inovadores.

Referências bibliográficas

D'IRIBARNE, P. *La logique de l'honneur*. Paris: Seuil, 1989.

HUBAULT, F. (coord.) *La relation de service, opportunité et questions pour l'ergonomie*. Toulouse: Éditions Octarès, 2002.

HUBAULT, F.; LAUTIER, F. *De la conception au management de l'espace*. 1997.

HUBAULT, F.; LAUTIER, F.; WALLET, M.; TESSIER ,D.; EVETTE, T.; NOULIN, M. *Conduite de projet et rapports de prescription*, communication au 37ème Congrès de la SELF. Aix-en-Provence, 2002.

JACQUART, A., *A toi qui n'est pas encore né(e)*. Paris: Editions Calmann Levy, 2000.

LAUTIER, F. La situation française: manifestations et éclipses de la figure du *maître d'ouvrage*. In: BONNET, M.; LAUTIER, F. (eds.), *Les maîtrises d'ouvrage en Europe, évolutions et tendances*. Paris: PUCA, 2000.

Organização e bem-estar em um serviço sanitário

Bruno Maggi

Giovanni Rulli

Programa Interdisciplinar de Pesquisa
«Organization and Well-being»
Universidade de Bolonha
www.taoprograms.org
o-w@taoprograms.org
bruno.maggi@unibo.it
rullig@asl.varese.it

III Jornada de Ergonomia na Escola Politécnica da USP
Adequação do Projeto de Operações e do Trabalho em Serviços
em colaboração com o Programa Interdisciplinar de Pesquisa
"Organization and Well-being" Universidade de Bolonha, Itália.

São Paulo, 28 e 29 de Agosto de 2006.

Introdução

A análise do trabalho com objetivos de prevenção constitui-se em um tema de estudo e de reflexão há mais de um século. Várias correntes e programas de pesquisa desenvolveram-se na Europa desde a década de 1900[1], ao mesmo tempo em que eram promulgadas as primeiras leis visando à proteção das mulheres e das crianças no trabalho, bem como à redução dos horários de trabalho, e também ao mesmo tempo em que nascia a medicina do trabalho como uma disciplina autônoma.

Meio século, portanto, já havia transcorrido quando a *Ergonomics* na Inglaterra e a *Ergonomie* na França e Bélgica iniciaram as suas abordagens, tendo como objetivo adaptar as condições de trabalho às exigências fi-

---

[1] Para uma discussão dos estudos relativos às primeiras décadas do século XX, ver: MAGGI, B. *Razionalità e benessere. Studio interdisciplinare dell'organizzazione.* parte III [1984]. Milan: Etas Libri, 1990.

siológicas e psicológicas dos trabalhadores[2]. E quase um século quando a União Europeia, mediante suas diretivas[3], prescreve a integração da prevenção primária[4] na concepção dos processos de trabalho: uma prescrição transposta em diferentes leis nos países membros da União, mas igualmente promulgada pelas legislações de outros países fora da Europa[5].

No entanto, vários indicadores revelam que essas normas são, ainda hoje, aplicadas de maneira incompleta: em particular as estatísticas relativas aos acidentes no trabalho e notadamente aos acidentes fatais[6]. Esses mesmos dados levam a um questionamento quanto ao que estaria impedindo essa prevenção nos percursos, iniciados de longa data, das várias disciplinas que se ocupam do trabalho e propõem reflexões e intervenções, visando à saúde e à segurança dos trabalhadores e cujos resultados, em matéria de prevenção secundária, são às vezes notáveis[7]: o direito do trabalho e a medicina

---

[2] K.F.H. Murrel funda a Ergonomics em 1949. A Ergonomia tem início no meio da década de 1950.

[3] Ver notadamente a diretiva n° 89/391, de 12 de junho de 1989.

[4] A *prevenção primária* é a prevenção que visa a evitar os riscos na sua origem.

[5] Lei n° 91-1414, de 31 de dezembro de 1991, na França; Decreto n° 626, de 19 de setembro de 1994, (então substituído pelo Decreto n° 81, de 9 de abril de 2008) na Itália; NR17 no caso do Brasil.

[6] Ver, por exemplo, *Work and Health in the EU. A Statistical Portrait*, European Commission, Luxembourg, 2003. Ver também o site: <http://forum.europa.eu.int/Public/irc/dsis/hasaw/library>.

[7] Ver, por exemplo: ETIENNE, P.; MAGGI, B. Conception du travail sur les chantiers du bâtiment : avancées et reculs de la prévention. In: ZOUINAR, M.; VALLÉRY, G.; LE PORT, M.-C. (eds.). *Ergonomie*

do trabalho, a sociologia e a psicologia do trabalho, a ergonomia em suas diferentes correntes.

Aventaram-se várias razões para explicar, e até justificar, essa falta de engajamento inovador visando à prevenção na concepção do trabalho. Afirmamos, porém, que uma razão apresenta-se, ao mesmo tempo, subestimada e fundamental: a difusão insuficiente de conhecimentos e competências de *análise organizacional* capaz de integrar a dimensão do *bem-estar* dos sujeitos no trabalho, compreendido, conforme a definição da Organização Mundial da Saúde, em termos de "processo de bem-estar físico, mental e social"[8]. Ao passo que as representações correntes do trabalho atribuem à sua "organização" um caráter de longa duração, nosso ponto de vista parte da constatação de que, ao contrário, as escolhas organizacionais de todo processo de trabalho

---

des produits et des services, Actes du 42° Congrès de la Société d'Ergonomie de Langue Française, Saint-Malo, Octarès Éditions, Toulouse, pp. 625-634 ; ETIENNE, P.; MAGGI, B. Santé et sécurité des utilisateurs des machines. Un cas de relation entre analyse organisationnelle et ergonomique. In: GAILLARD, I.: KERGUELEN, A.; THON, P. (eds.). *Ergonomie et Organisation du Travail*, Actes du 44° Congrès de la Société d'Ergonomie de Langue Française, Toulouse. pp. 237-243. Disponível em: <http://www.ergonomie-self.org/media/media41146.pdf>.

[8] Sobre o conceito de « bem-estar » permitimo-nos indicar: MAGGI, B. Bem-estar / Bienestar. *Laboreal*, v. II, n. 1, 2006. pp. 62-63. Disponível em: <http://laboreal.up.pt/>. Para uma reflexão sobre os conhecimentos e competências necessárias à análise do trabalho com fins de prevenção primária, veja: MAGGI, B. *De l'agir organisationnel. Un point de vue sur le travail, le bien-être, l'apprentissage.* Toulouse: Octarès Editions, 2003. p. 159-179 ; edição portuguesa: *Do agir organizacional.* São Paulo: Blücher, 2006. pp. 147-165.

mudam continuamente. Afirmamos que é possível guiar essa mudança de forma a direcioná-la para objetivos de bem-estar e, ao mesmo tempo, para objetivos de qualidade, eficácia e eficiência. Isso implica adotar *outro olhar sobre a organização*.

Neste texto, desejamos apresentar o procedimento do Programa Interdisciplinar de Pesquisa "Organization and Well-being"[9]: uma abordagem de análise, intervenção e concepção dos processos de trabalho que, há três décadas[10] tem se mostrado capaz de atingir os objetivos de prevenção primária.

Um estudo de caso extraído dos trabalhos desse Programa irá servir para ilustrar nossa argumentação: trata-se de um caso em que a análise e a concepção do trabalho em um serviço sanitário foram reiteradas por um longo período. Ao expor esse caso, emblemático dos serviços de utilidade pública, desejamos mostrar, de maneira sintética, a aplicação do método que caracteriza a abordagem do Programa e apresentar os aspectos principais da teoria que o fundamenta.

O estudo de caso

O serviço sanitário, do qual iremos falar, faz parte do Sistema Sanitário Nacional da Itália. Nesse sistema,

---

[9] Para mais informações sobre o Programa Interdisciplinar de Pesquisa "Organization and Well-being", e notadamente sobre a lista das publicações, ver o site <www.taoprograms.org>.

[10] Isto é, antes das normas citadas relacionadas com a análise do trabalho com fins de prevenção.

um importante objetivo de prevenção é confiado aos serviços que cuidam de higiene, saúde pública e medicina do trabalho. Esses serviços são integrados a Departamentos de Prevenção. Sua atividade é dirigida tanto diretamente aos cidadãos quanto às administrações públicas e às empresas privadas. Cabem-lhes igualmente os papéis de autorização sanitária, inspeção e controle. Apoiam-se em diversas competências disciplinares, implementadas por trabalhos em equipe, e visam a alcançar paralelamente objetivos de promoção da prevenção e vigilância relacionadas à higiene e segurança das pessoas (alimentação, doenças infectocontagiosas etc.), e do meio ambiente urbano e do trabalho.

A promoção do bem-estar dos trabalhadores desses serviços é um objetivo que muitas vezes mostra-se subestimado. A saúde, porém, tanto individual quanto coletiva, constitui o seu objeto de trabalho, e não há dúvida de que os setores do serviço público estão sob a égide das normas de prevenção nos locais de trabalho. Esse quadro normativo – como já ressaltamos – é claramente orientado para objetivos de prevenção primária e prescreve que a concepção, não somente dos locais, instrumentos e técnicas, mas também dos processos de trabalho como um todo, seja parte integrante da prevenção.

No decorrer da última década, várias mudanças devidas a uma evolução da cultura sanitária ocorreram no sistema italiano da prevenção, conferindo-lhe uma orientação mais pronunciada de prevenção primária. Essa orientação favoreceu as iniciativas de promoção da saúde nos ambientes de vida e de trabalho, estendendo-se além da ação de repressão dos comportamentos relacionados com a exposição a agentes agressivos [nocividades] e a riscos. Além disso, deve-se considerar que as normas que regem o quadro institucional dos serviços sanitários mudaram muito, no sentido de uma descentralização das responsabilidades e do legislativo em favor das regiões. Essa descentralização acompanha-se de margens de discricionariedade gestionária concedidas às unidades locais encarregadas da prestação dos serviços sanitários públicos, ao lado das quais operam unidades sanitárias privadas, ligadas por contrato ao sistema público, com base no respeito a requisitos gerenciais, tecnológicos e profissionais.

Nosso estudo de caso diz respeito ao Serviço de Higiene e Saúde Pública que integra o Departamento de Prevenção Médica de uma das Unidades Sanitárias Locais da Região da Lombardia, a da Província de Varese, que conta com 840 000 habitantes. Esse Serviço é encarregado da prevenção no campo das doenças infectocontagiosas, da higiene do meio urbano e das relações entre meio ambiente e saúde, por meio de uma equipe composta por médicos, enfermeiros, químicos, engenheiros, técnicos da prevenção e pessoal administrativo.

No fim da década de 1990, as unidades sanitárias públicas da Região da Lombardia foram subdivididas em unidades hospitalares, encarregadas da prestação de serviços sanitários, hospitalização e tratamento, e unidades sanitárias locais (ASL), usuárias dessas prestações de serviço (com possibilidades de negociar a qualidade e os preços). Comparando com os anos 1980-1990, as ASL apresentam hoje uma redução do número e da diversidade dos serviços fornecidos diretamente. Por exemplo, por um lado, as competências em matéria de higiene do meio ambiente encontram-se reduzidas e, por outro lado, os instrumentos de autocertificação e autoavaliação levaram a uma grande simplificação do sistema de controle nos setores da higiene e da segurança no trabalho e na alimentação.

O Departamento Médico de Prevenção é um exemplo típico dessa perspectiva de prevenção e integração dos serviços. Ele integra prestações de serviços públicos nos seguintes campos de prevenção: doenças de alto impacto social (principalmente doenças crônico-degenerativas e doenças infectocontagiosas), comportamentos de risco (tabagismo, sedentarismo etc.), acidentes (rodoviários e domésticos), doenças particularmente ligadas à poluição ambiental (câncer de pulmão, alergias etc.), patologias relacionadas ao trabalho (doenças profissionais e acidentes) e doenças provocadas pela alimentação (intoxicações etc.).

No caso do Serviço de Higiene e Saúde Pública da ASL da Província de Varese, a análise e a nova concepção dos processos de trabalho, que integram a dimensão do bem-estar, desenvolveram-se de maneira iterativa do final dos anos 1980 até hoje. Isso permitiu, entre outros resultados, confrontar diferentes quadros de referência técnicos e institucionais do Sistema Sanitário que acabamos de mencionar. Na década de 1980, em particular, nove Serviços de Higiene e Saúde Pública operavam no território da Província de Varese, correspondendo a um número de Unidades Sanitárias Locais igual ao número de divisões do território. Em um primeiro período, a análise e a intervenção foram realizadas pelos operadores do Serviço de Higiene e Saúde Pública de uma das Unidades Sanitárias Locais, atendendo a uma área de aproximadamente 45 000 habitantes. Já na década de

2000, um único Serviço de Higiene e Saúde Pública operava em todo o território da Província (840 000 habitantes), com atividades de prestações de serviços diretas reduzidas, mas com responsabilidades maiores na coordenação do trabalho de várias equipes, distribuídas em seis distritos *sóciossanitário*. Em um segundo período, a análise e a intervenção se ocuparam, portanto, do conjunto dos processos de trabalho desse serviço.

A abordagem

A análise do trabalho visando à prevenção, realizada no serviço sanitário que nos serve de exemplo, segue a abordagem desenvolvida no âmbito do Programa Interdisciplinar de Pesquisa "Organization and Wellbeing". Três características dessa abordagem merecem ser ressaltadas e requerem alguns comentários:

- Trata-se de uma *abordagem de ação organizacional voltada para uma análise da regulação do processo de trabalho.*
- Essa abordagem é caracterizada por *levar em conta o bem-estar dos sujeitos no trabalho.*
- Ela implica que *a análise seja, ao mesmo tempo, uma transformação dos processos de trabalho e que seja realizada pelos próprios sujeitos desses processos.*

A *teoria do agir organizacional (MAGGI, 1984/1990; 2003),* que se constitui no fundamento dessa abordagem, apoia-se em uma perspectiva epistemológica segundo a qual todo processo de agir social – e portanto todo processo de trabalho – é visto como um *processo de ações e decisões,* em constante modificação, nunca acabado. A organização é *agir organizacional,* ela é o aspecto *regulador* do processo de agir social. Os *sujeitos agentes* não podem ser separados desse processo: encontram-se no seu centro, participam de sua concepção, implementação e desenvolvimento. Portanto, o *bem-estar* dos sujeitos envolvidos não pode ficar dissociado dos objetivos, da regulação e da avaliação de todo processo de ação.

O fato de focar a análise na regulação dos processos de ação de trabalho, na organização concebida como o aspecto organizador, em constante mutação, desses processos, diferencia nitidamente essa abordagem de todas aquelas que consideram a organização como um conjunto de "determinantes", de "prescrições" dadas, que de certa maneira influenciam "de cima" ou "de fora" a situação de trabalho. Assim, por exemplo, certas abordagens da psicologia do trabalho ou da ergonomia, ou ainda da medicina do trabalho, fazem da organização uma espécie de "caixa preta" sobre a qual intervêm às vezes sem dispor no entanto das competências específicas da área de estudo da organização[11].

---

[11] Desenvolvemos este assunto em vários textos, principalmente em: MAGGI, B. *Razionalità e benessere,* cit., Partie III ; na conferência convidada no 30° Congresso da Self, Biarritz, 1995; e MAGGI, B. La régulation du processus d'action de travail. In: CAZAMIAN, P.; HUBAULT, F.; NOULIN, M. (eds.). *Traité d'ergonomie.* Toulouse: Octarès Editions, 1996. pp. 637-662; ou ainda: MAGGI, B. *Do agir*

A análise centrada nas *escolhas organizacionais*, que de fato regulam todas as dimensões do processo de trabalho – ações implementadas e objetivos visados, técnicas empregadas, tempos, espaços, instrumentos, materiais etc. – permite decodificar o *constrangimento*[12] induzido por essas escolhas, ou seja, aquilo que se encontra *na origem dos efeitos prejudiciais ao bem-estar* dos sujeitos agentes. As análises do trabalho tanto psicológicas quanto ergonômicas avaliam as consequências para os sujeitos, correspondendo a elementos do constrangimento organizacional; a epidemiologia e a medicina do trabalho, por sua vez, partem dos danos para identificar e definir os riscos. Por esses percursos invertidos é muito difícil, ou mesmo impossível, remontar à origem efetiva dos danos ao bem-estar. A abordagem do Programa "Organization and Well-being", ao contrário, foca a análise nessa origem: as escolhas organizacionais. O reconhecimento do constrangimento organizacional permite considerar concomitantemente escolhas

---

organizacional, cit., chap. II, 2 ; e mais recentemente, MAGGI, B. Organisation et bien-être. L'analyse du travail aux fins de prévention. In: TERSSAC, G.; SAINT-MARTIN, C.; THIÉBAULT C. (coords.). *La précarité : une relation entre travail, organisation et santé*. Toulouse: Octarès Éditions, pp. 193-206.

[12] MAGGI, B. *Razionalità e benessere*, cit., Partie III; MAGGI, B. *Do agir organizacional*, cit., chap. II, 4. O conceito de "constrangimento organizacional" é definido no contexto da teoria do agir organizacional. Ele indica a redução da liberdade de decisão que é consequência de toda escolha organizacional. O constrangimento é uma característica inevitável do agir organizacional, é, porém, variável e, portanto, modificável, não devendo ser confundido com consequências percebidas pelos sujeitos; sua avaliação somente pode provir de uma análise organizacional.

alternativas capazes de reduzir, ou até mesmo eliminar, elementos do constrangimento. Essa ação na origem conduz à realização da *prevenção primária*.

Podemos acrescentar que a análise da regulação dos processos de trabalho própria a essa abordagem não entra em competição com a análise ergonômica nem com as abordagens clínicas da atividade de trabalho, e tampouco com a ação da medicina do trabalho: ao contrário, as complementaridades são possíveis e proveitosas. Já tratamos amplamente desse assunto em nossas obras (MAGGI, 1984/ 1990; 2003) e em numerosos congressos e colóquios[13],

---

[13] Pode-se consultar, por exemplo, os seguintes trabalhos apresentados nos Congressos da SELF: DE LA GARZA, C.; MAGGI, B.; WEILL-FASSINA, A. Temps, autonomie et discrétion dans la maintenance d'infrastructures ferroviaires . *Actes du 33ème Congrès de la SELF*, Paris, 1998, p. 415-422 ; DE LA GARZA, C.; Weill-Fassina, A.; Maggi, B. Modalités de réélaboration des règles : des moyens de compensation des perturbations dans la maintenance d'infrastructures ferroviaires. *Actes du 34ème Congrès de la SELF*, Caen, 1999. pp. 335-343 ; RULLI, G.; MAGGI, B. Prescription, standardisation et prévention. Les normes ISO 9000 et la qualité dans le secteur sanitaire: une évaluation critique.In: EVESQUE, J.-M.; GAUTIER, A.-M.; REVEST, Ch.; SCHWARTZ, Y.; VAYSSIÈRE, J.-L.(eds.). *Les évolutions de la prescription. Actes du 37ème Congrès de la SELF*, Aix-en-Provence, 2002. pp. 85-91. Pode-se também consultar os seguintes trabalhos apresentados nos Congressos do IEA: RULLI, G.; MAGGI, B. Training and Education for Prevention in Workplaces. A Case Study in the Services Sector. In: SEPPÄLÄ, P.; LUOPAJÄRVI, T.; NYGARD, C.-H.; MATTILA M. (eds.). *From Experience to Innovation, Proceedings of the 13th Congress of the IEA*, Tampere, Finnish Institute of Occupational Health, Helsinki, 1997, v. I, pp. 423-425; RULLI, G.; MAGGI, B.; CRISTOFOLINI, A.; DE NISI, G. Work Analysis in a Public Health Center: The Evaluation of a Training and Education Program. In: *Ergonomics for the New Millenium, Proceedings of the 14th Congress of the IEA*, San Diego, 2000, v. II, pp. 697-700.

como também temos dedicado a ele seminários internacionais do Programa "Organization and Well-being" promovidos em colaboração com pesquisadores de diferentes linhas[14].

A partir do momento em que se reconhece que os *sujeitos agentes* do processo de trabalho estão no centro deste, participando de sua concepção, implementação e realização, deve-se concluir que somente os próprios sujeitos podem analisar e avaliar, de maneira apropriada, o processo de trabalho que os diz respeito, e não os pesquisadores externos[15]. Além disso, como a análise está relacionada às escolhas organizacionais e suas possíveis alternativas no decorrer do desenvolvimento de um processo de ação, ela se insere numa mudança e dela

---

[14] Cabe lembrar em particular o 11° seminário, Milan 1994, em colaboração como o Departamento de Ergonomia e Ecologia Humana da Universidade de Paris I; o 14° seminário, Bolonha 1996, em colaboração com o Laboratório de Ergonomia do Conservatoire National des Arts et Métiers de Paris; o 19° seminário, Bolonha 1998, em colaboração com o Laboratório de Ergonomia Informática da Universidade de Paris V; o 26° seminário, Bolonha 2002, em colaboração com o Departamento de Ergologia da Universidade de Aix-Marseille; o 30° seminário, Aix-en-Provence 2005, em colaboração com a Unidade mista de pesquisa *ADEF*, INRP, Universidade de Provence, IUFM d'Aix – Marseille. As atas do 19° seminário foram publicadas na revista *Ergonomia*, 12, 1999: *Method of Organizational Congruencies and Ergonomic Work Analysis: Characteristics and Complementarity*. O 30° seminário possibilitou a concepção da obra: FAÏTA, D.; MAGGI, B. *Un débat en analyse du travail*, Toulouse: Octarès Editions, 2007.

[15] O confronto entre differentes procedimentos de análise do trabalho encontra-se particularmente desenvolvido em: MAGGI, B. *Do agir organizacional*, cit., chap. III, 3; e em: FAÏTA, D.; MAGGI, B. *Un débat en analyse du travail*, cit.

participa: a análise é, ao mesmo tempo, transformação, intervenção e nova concepção. Isso tudo podendo ter como protagonistas apenas os sujeitos do processo.

Trata-se, com efeito, de outra característica fundamental e distintiva da abordagem que estamos apresentando. Outras abordagens que já foram citadas desenvolvem análises que são, ao mesmo tempo, transformação da situação de trabalho e sustentam que as competências que dizem respeito a ela são próprias dos sujeitos desta situação, e são intransferíveis. No entanto, por um lado a transformação ativada por essas abordagens não está relacionada ao cerne do processo de trabalho, ou seja, sua dimensão organizacional; por outro lado, essas abordagens sempre preveem de alguma maneira, um "pesquisador": o reconhecimento das competências específicas dos sujeitos no trabalho não leva à sua consequência final, a de uma análise efetuada inteiramente pelos próprios sujeitos envolvidos. Para realizar este último objetivo, o procedimento exige um método de análise organizacional dos processos de trabalho do qual os sujeitos envolvidos possam se apropriar. O dispositivo do Programa "Organization and Well-being", de fato, tem como fundamento a confluência de três eixos: o eixo dos saberes metodológicos dos quais os sujeitos dos processos de trabalho podem apropriar-se após uma formação adequada; o eixo das competências de trabalho específicas desses sujeitos, sem as quais nenhum aprendizado e nenhuma análise são possíveis; e o eixo da epistemologia do processo de ação e decisão, que permite colocar em relação os saberes de análise organizacional e as competências intrínsecas aos processos de trabalho.

Cabe notar dois aspectos marcantes desse dispositivo. Um relativo ao *processo de aprendizado* que está na base do desenvolvimento de novas competências, de análise organizacional, por parte dos sujeitos dos processos de trabalho. Não se trata de uma formação imposta do exterior, em que se pretende "transmitir" saberes, mas de uma formação ativada ao mesmo tempo pelo processo de trabalho e dentro dele, a partir das necessidades de sua análise, onde somente o aprendizado dos sujeitos envolvidos permite a eles que se apropriem dos saberes metodológicos e criem novos conhecimentos[16]. Outra característica crucial do dispositivo diz respeito ao fato de colocar em relação os saberes de análise e as competências do processo do trabalho submetido à análise. Esse fato não resulta de um ato de vontade, de um engajamento militante, da ação de um pesquisador, mas é *necessariamente implicado na epistemologia* que o método e a teoria adotados pressupõem.

É evidente que todas as características da abordagem que acabamos de expor e comentar de maneira sucinta são consequências diretas da *teoria do agir organizacional* que lhe serve de base e dos seus pressupostos epistemológicos. O método de análise dos processos de trabalho também decorre dessa teoria. Cabe lembrar que evocamos aqui apenas alguns elementos da teoria, aqueles que eram essenciais à apresentação da abordagem. Para mostrar agora, de maneira igualmente sucinta, a aplicação do método de análise, voltaremos ao estudo de caso proposto.

---

[16] Sobre as diferentes concepções da formação, ver: MAGGI, B. *Do agir organizacional*, cit., Parte III; MAGGI, B. (ed.). *Manières de penser, manières d'agir en éducation et en formation*, Paris: PUF, 2000.

A análise de um processo de trabalho

Como já dissemos, o serviço sanitário em questão opera num território relativamente vasto, sobretudo nos últimos anos. Ele oferece prestações de serviços, pertencendo a vários campos de prevenção, e emprega, no total, 13 pessoas: médicos, enfermeiros, químicos, engenheiros, técnicos da prevenção e pessoal administrativo. É preciso, portanto, escolher um processo de trabalho no conjunto das atividades desse serviço para dar um exemplo de análise.

Escolhemos o processo de *controle das águas potáveis*. Segundo o método implementado – cujo nome é Método das Congruências Organizacionais (MCO)[17] –

---

[17] O Método das Congruências Organizacionais foi proposto e aplicado a partir da metade da década de 1980. Uma apresentação detalhada encontra-se na obra: FAÏTA, D.; MAGGI, B. *Un débat en analyse du travail*, cit., que discute sua possível sinergia com o Método de Autoconfrontação nos procedimentos da "clínica da atividade".

os sujeitos começam por descrever seu trabalho distinguindo os componentes analíticos do processo: os resultados desejados, as ações adotadas para alcançá-los, a qualificação técnica das ações e a regulação do conjunto. No presente caso, essa descrição aponta como *resultado* esperado do processo a avaliação de análises químicas e bacteriológicas de amostras de água, permitindo formular um julgamento de uso para o consumo humano, a ser encaminhado aos prefeitos para que formulem suas prescrições a esse respeito. As principais *ações* implementadas para alcançar esse objetivo são: a definição de uma estratégia de amostragem, a coleta das amostras, seu envio aos laboratórios de análise, a recepção e avaliação dos resultados das análises, a comunicação dessas avaliações aos prefeitos. A descrição prossegue distinguindo as *modalidades de desenvolvimento* dessas ações. Em particular: quem são os operadores envolvidos (suas características biológicas e profissionais), os locais de desenvolvimento (os escritórios, os diversos meios e suas características), os tempos de trabalho, os meios utilizados (aparelhos, instrumentos, materiais, veículos etc.) e, por fim, as modalidades de contratação dos operadores (responsabilidades, salários, incentivos, formação, experiências, valores, identidade no trabalho etc.).

A descrição continua com a identificação dos *conhecimentos técnicos* que qualificam as ações. A técnica é decodificada em termos de dimensão instrumental da ação, o que pode permitir que se alcance o resultado desejado. Esses conhecimentos dizem respeito: ao *objeto* da transformação (as águas, as fontes de abastecimento), aos *meios* (ferramentas, veículos, materiais etc.), ao *processo* (para cada ação os conhecimentos envolvem o processo inteiro, bem como suas ligações com outros processos do serviço sanitário).

Por fim, a descrição evidencia os diferentes aspectos da *regulação do processo*: as relações entre os objetivos desse processo e os objetivos de nível superior do serviço; a ordem das ações, que se mostram heterogêneas e interdependentes, em parte, concomitantes e, em parte, consecutivas; a ordem de desenvolvimento das ações; as relações que se instauram entre a estruturação das ações e o seu desenvolvimento, bem como entre as ações e os conhecimentos que se revelaram necessários à obtenção dos resultados. A reflexão incide, por um lado, sobre a *natureza das regras* do processo: formais e informais, explícitas e tácitas, previas e contextuais às ações. Por outro lado, incide sobre os *níveis de decisão* relativos à regulação: procura-se distinguir os momentos em que as regras são colocadas, os momentos de verificação das regras colocadas e de seus ajustes; são ressaltadas as ações que visam deliberadamente à regulação e os conhecimentos técnicos que exigem.

A análise passa, então, progressivamente da descrição à interpretação e à avaliação do processo de trabalho, em que a reflexão se estende, para cada componente analítico do processo, à identificação das escolhas alternativas que podem se aplicar a ele: alternativas de resultados, alternativas de ação e desenvolvimento, alternativas técnicas e, evidentemente, alternativas de regulação. O método conduz, desse modo, ao ponto central da análise que se torna, ao mesmo tempo, avaliação e mudança. Observemos mais de perto esse aspecto para melhor compreendê-lo: o resultado esperado do processo pode ser formulado diferentemente, por exemplo, acrescentando-lhe a proteção do bem-estar dos sujeitos agentes (o que, aliás, foi o caso em nosso exemplo de análise). Essa escolha alternativa do resultado a ser alcançado vai influenciar significativamente todos os outros componentes do processo. Pode-se, igualmente, considerar escolhas alternativas de ação, técnica etc. Tudo é variável e, portanto, modificável dentro do processo. Os sujeitos agentes avaliam para transformar e também transformam para avaliar.

Na análise que visa aos fins de prevenção, essa avaliação-transformação diz respeito à *congruência* das escolhas organizacionais e ao *constrangimento* que decorre destas. Essas escolhas nunca serão completamente congruentes e a organização é sempre acompanhada de constrangimento, mas pode-se melhorar o nível de congruência e reduzir o constrangimento: ele também é variável, como é variável o agir organizacional.

Pela avaliação das congruências relativas dos componentes do seu processo, os sujeitos do processo de controle das águas potáveis colocam em evidência uma série de elementos, manifestações concretas do constrangimento organizacional com as quais se defrontam. Por exemplo: o número limitado de operadores em relação à extensão das ações a desenvolver, certa incerteza normativa em relação à importância do resultado a alcançar, a pouca discricionariedade[18] de que dispõem em

---

[18] Há alguns anos demos uma definição do conceito de "discricionariedade" que foi retomada na literatura: ela menciona "espaços de ação em um processo regulado", e não deve ser confundida com a "autonomia" que significa "a capacidade de produzir suas próprias regras". Permitimo-nos sugerir a consulta de: MAGGI, B. *Do agir organizacional*, p. 102; p. 122 e pp. 139-158.

relação às responsabilidades, a alta variabilidade das ações, as necessidades do trabalho em equipe, a falta de formação, problemas de comunicação e tratamento dos dados, de utilização de instrumentos e aparelhos e de deslocamentos na área de atuação, entre outros.

Vejamos um exemplo em detalhe. Consideremos o caso do médico que precisa discutir com prefeitos recomendações de melhoria urgentes ou intervenções sobre as instalações, em consequência da análise das águas potáveis. Após ter recebido por fax ou disco digital o resultado negativo da análise química ou bacteriológica da água, esse médico verifica esse resultado em relação ao registro das amostras com os técnicos da prevenção, controla as normas de intervenção nos protocolos de serviço, e, então, avalia as prováveis consequências para a saúde pública. Segundo o tipo de não conformidade verificado – obrigações legais, características materiais da instalação hidráulica etc. –, ele contata o prefeito envolvido por telefone, para que possam ser consideradas as intervenções necessárias nas instalações e, nos casos mais graves, o abastecimento alternativo de água potável. A avaliação do processo de trabalho revela aqui *relações com administrações públicas que se desenvolvem tanto no plano pessoal quanto institucional, em situações com potencial de conflito ou de risco para os usuários e no contexto de ambientes instáveis e não previsíveis.* A análise revelou um elemento de constrangimento vindo de um nível crítico de congruência entre o objetivo visado, as ações desenvolvidas e as modalidades de seu desenvolvimento, e os conhecimentos técnicos envolvidos.

A identificação dos elementos de constrangimento organizacional não é fruto, portanto, de uma hipótese levantada a partir das consequências percebidas pelos sujeitos ou dos danos que sofreram, mas o resultado de uma análise que permite avaliar a montante as diversas escolhas organizacionais e, a partir delas, avaliar tanto as consequências efetivas quanto as possíveis. Ao levar em conta, ao mesmo tempo, escolhas alternativas, essa avaliação mostra-se ainda capaz de prospectar concomitantemente soluções preferíveis e auxiliar em sua realização.

A análise de longo prazo

Dissemos anteriormente que a análise em questão desenvolveu-se da década de 1980 à década de 2000 e que, durante esse longo período, ocorreram mudanças institucionais que modificaram a estrutura geral do serviço sanitário. É interessante, portanto, descrever brevemente o trabalho de análise realizado pelos operadores do serviço antes e depois dessas modificações, para mostrar como uma análise se desenvolve ao longo do tempo e se integra, de certa maneira, nas atitudes habituais, no trabalho cotidiano dos sujeitos envolvidos.

O espaço limitado que este texto oferece não nos permite multiplicar os exemplos dos numerosos processos que compõem as atividades do serviço. Limitaremo-nos a mencionar elementos de constrangimento organizacional relativos ao aspecto geral dessas atividades para, com isso, acrescentar outras informações que dizem respeito à finalidade de prevenção da análise.

Lembremos que, durante o primeiro período, o da década de 1980, a análise se ocupou de um dos nove serviços de higiene e saúde pública, composto por 13 pessoas, operando no território da província de Varese (820 000 habitantes, na época). O trabalho de análise desenvolvido nesse período evidenciou, entre outros, os seguintes elementos de constrangimento:

⟶ *A variabilidade de forma das atividades e no decorrer do tempo, e sua forte interdependência.* Isso ocorre, principalmente, nos casos de imprevisibilidade e urgência: epidemias, contaminação das águas, acidentes no trabalho etc.

⟶ *A necessidade de trabalho coletivo, amplamente multidisciplinar, com níveis elevados de discricionariedade e responsabilidade individual e de equipe para alcançar resultados apresentando um alto valor social.* Isso diz respeito, principalmente, aos casos de infecções alimentares ou epidemias, que exigem por parte dos médicos e técnicos sanitários atividades caracterizadas pela necessidade de adaptação e impacto sobre as populações.

⟶ *O diferencial entre as competências dos operadores e a variabilidade das ações a serem desenvolvidas tendo em vista os resultados desejados.* As competências articulam-se dentro de diferentes campos da ação médica e técnico-sanitária (doenças infectocontagiosas, higiene urbana, higiene e segurança do trabalho, higiene dos alimentos, etc.) e devem enfrentar situações difíceis e muitas vezes não previsíveis, o que pode se dar no limite, ou até mesmo além das competências efetivas dos operadores envolvidos.

➡ *O diferencial entre os percursos de formação de base dos operadores e os conhecimentos requeridos.* Isso fica particularmente evidente por ocasião da contratação do pessoal no campo da higiene ambiental e da prevenção nos locais de trabalho. Por exemplo, a especialização em higiene e medicina preventiva, ou em medicina do trabalho, não era exigida para a contratação dos médicos na década de 1980.

➡ *A incompletude da definição dos espaços normatizados e das demandas de discricionariedade, como também as contradições nas atribuições hierárquicas.* Por exemplo, um ato importante tal como a prescrição formal endereçada aos prefeitos em caso de avaliação da potabilidade das águas está a cargo de um médico assistente de primeiro nível hierárquico que, apesar disso, ocupa o cargo de Responsável do Serviço.

➡ *A insuficiência do sistema informatizado cujo uso é limitado às atividades administrativas e que não é conectado à rede,* em relação ao volume e à importância das comunicações, bem como às necessidades de tratamento dos dados.

➡ *O diferencial entre os níveis de remuneração e os níveis de responsabilidade técnica e institucional.*

➡ *A necessidade de deslocamento pelo território, por diversos meios de transporte, implicando a visitação de meios diferentes (rurais e urbanos), representando riscos potenciais.*

> ➠ *Os constrangimentos ambientais, posturais e ligados à utilização de equipamentos de trabalho em escritório* (por exemplo: falta de climatização, exigências do trabalho em escritório, utilização de aparelhos elétricos, utilização de instrumentação de vidro, constrangimento de trabalho ao ar livre etc.).

É importante notar que a identificação dos aspectos do constrangimento organizacional permite aos sujeitos dos processos de trabalho desenvolver sua análise e sua reflexão levando em consideração as possíveis consequências em termos de riscos e danos, para então identificar e realizar mudanças destinadas a melhorar a prevenção e, por conseguinte, as condições de bem-estar. Os operadores do serviço sanitário começaram por levar em conta riscos de danos físicos tradicionalmente reconhecidos: por exemplo, em relação aos sistemas visual, osteoarticular e muscular, em consequência da utilização de monitores, ou então relacionados a traumatismos decorrentes do uso de instrumentos e meios de transporte. Porém, num segundo momento, riscos de danos psíquicos também foram levados em consideração: por exemplo riscos de *burn-out*[19], de reforço de *Type*

---

[19] O *burn-out* do operador é o possível resultado de desequilíbrios entre demandas e recursos na atividade, em que se adicionam expectativas de competências específicas e motivações individuais e sociais intensas. A consequência defensiva manifesta-se pelo distanciamento emocional em relação ao trabalho e aos usuários, o distanciamento em relação à ação, o cinismo, a rigidez no cumprimento do que é prescrito pelas normas e a hierarquia. Ver: MASLACH, C. Burn-out: a social psychological analysis. Trabalho apresentado na American Psychological Association, S. Francisco, 1976.

A coronary prone behaviour pattern[20], de estresse[21], ou ainda de desconforto psíquico não específico.

Os operadores do serviço puderam assim identificar "perfis de risco" por grupos de trabalhadores, categorias profissionais e fases de trabalho. Por exemplo, as escolhas organizacionais podendo acarretar consequências negativas sobre o bem-estar dos médicos mostraram-se ligadas principalmente à insuficiência dos efetivos frente ao acúmulo de atividades a desenvolver, monotonia e variabilidade dessas atividades, incerteza das margens discricionárias, níveis de responsabilidade, formação insuficiente, complexidade das relações com os usuários, utilização de instrumentos e aparelhos, falta de informatização, constrangimentos posturais e visuais. E esses elementos que caracterizam o trabalho dos médicos foram identificados como fontes de riscos: de *burn-out*, de reforço de *Type A coronary prone behaviour pattern*, de traumatismos físicos, de patologias articulares e musculares e de fadiga visual.

---

[20] A noção de *coronary prone behaviour pattern* foi proposta nos Estados Unidos na década de 1960, no decorrer de pesquisas sobre o risco de coronariopatia que evidenciaram dois tipos de comportamentos: o tipo A (caracterizado pelo sentido do dever, a competitividade, o desejo de realização profissional, a tendência a respeitar os prazos) e o tipo B (distinguindo-se do primeiro pela ausência dessas atitudes, visando a reprimir as sensações naturais de fadiga e pela capacidade de relaxar sem desenvolver sentimento de culpa), em que o primeiro tipo apresentava um risco duplo de desenvolver coronariopatias, independentemente de outras condições de risco. Ver: ROSENMANN, R. H.; FRIEDMAN, M. Association of specific behaviour pattern in women with blood and cardiovascular findings. *JAMA*, v. 24. 1961. pp. 1173-1184.

[21] Como definido por H. SELYE, *Stress in Health and Disease*, Buterworths, Boston, 1976.

136 · Organização e bem-estar em um serviço sanitário

Apoiando-se nesse quadro das conexões entre escolhas organizacionais, elementos de constrangimento e consequências sobre o bem-estar, torna-se possível definir ordens de prioridade de intervenção, ou seja, uma nova concepção dos processos de trabalho, segundo a entidade e a probabilidade do risco e do dano previsíveis, o número dos sujeitos envolvidos, a relação custo/benefício, tendo em vista o resultado de prevenção primária.

Deve-se ainda acrescentar que, por confrontar diferentes alternativas de escolhas organizacionais e graus de constrangimento induzidos, o método empregado permite, igualmente, uma avaliação anterior de cada opção. Por exemplo, para enfrentar a incerteza das margens discricionárias, uma alternativa consiste em formalizar percursos de ações; porém, isso faz que seja necessário avaliar as possíveis consequências de uma escolha que produz rigidez e aumenta o tempo das operações. Para reduzir a variabilidade das relações com os usuários, uma escolha alternativa pode consistir em formalizar as modalidades de acesso (horários de funcionamento, de atendimento); é necessário, no entanto, avaliar as consequências em termos de perda de flexibilidade e de probabilidade de relações de conflito. Finalmente, a adoção de um sistema informatizado, que vai resolver numerosos problemas relativos aos fluxos de informações, é uma escolha cujas consequências devem ser avaliadas quanto à utilização do computador, à modificação das relações entre os operadores e à necessidade de novos conhecimentos.

No segundo período, o da década de 2000, a análise passa a considerar exclusivamente o conjunto dos processos de trabalho do serviço de higiene e saúde pública que opera em todo o território da província: ainda um total de 13 pessoas, embora não exatamente as mesmas, e com atividades de prestação de serviços diretos reduzidas, mas com responsabilidades de coordenação de seis distritos "*sociossanitários*" maiores. Portanto é importante ressaltar outros aspectos dos processos de trabalho, em relação ao primeiro período, que podem estar na origem de riscos e danos. Por exemplo:

➠ *As dificuldades de gestão do serviço que se encontra afastado das atividades dos distritos sóciossanitários em função da extensão do território.* Durante a década de 1980, cada um dos nove serviços de higiene e saúde pública tinha suas linhas operatórias coordenadas pelos médicos que, todos os dias, se reuniam com os técnicos e os enfermeiros para regular as diferentes intervenções. Na década de 2000, os médicos da sede central formulam as linhas operatórias à distância, enquanto os operadores dos distritos (médicos, técnicos e enfermeiros) desenvolvem as atividades de coleta dos dados clínicos, anamnese, amostras de materiais biológicos etc., segundo as prescrições centrais, e têm eventualmente contatos telefônicos para obter conselhos e informações. Existe uma rede de informática, mas ainda não completa.

➠ *A variabilidade de forma das atividades e no decorrer do tempo e sua forte interdependência, bem como os conhecimentos exigidos, mudaram por causa das alterações dos objetivos institucionais e das características da população.* As diferentes características da população requerem novos conhecimentos a respeito das doenças infectocontagiosas exógenas. O caso da higiene das edificações industriais pode servir de exemplo dessa mutação dos objetivos. Durante a década de 1980, a avaliação dos projetos (a ser remetida ao prefeito a quem cabia dar a autorização para a construção) era formulada em um relatório dos técnicos, assinado pelo médico responsável pelo serviço envolvido. Atualmente, o relatório é composto de várias partes: uma avaliação do técnico do distrito, uma avaliação do médico do trabalho e, eventualmente, outras avaliações – geológicas, veterinárias etc. Essas avaliações são reunidas para compor o documento do serviço central. Uma intervenção subsequente teve por objetivo moderar a ampliação dos tempos de produção e a coleta das diversas contribuições provenientes dos distritos.

➥ *Uma necessidade maior de trabalho coletivo e multidisciplinar, particularmente em campo, com níveis elevados de discricionariedade, mas com uma coordenação mais complexa.* Em relação à década de 1980, a coordenação passou a ser necessária não somente dentro de cada equipe operacional (por exemplo, de inspeção do trabalho), mas também entre as diferentes equipes, para uniformizar os comportamentos nos distritos.

➥ *Um novo diferencial entre as competências dos operadores e a variabilidade das ações a desenvolver, tendo em vista os resultados desejados.*

➠ *Um novo diferencial entre os percursos de formação de base dos operadores e os conhecimentos exigidos, em relação às mudanças institucionais.* Em decorrência da avaliação da década de 1980, processos de capacitação específicos foram realizados para as diferentes profissões: por exemplo, de administração sanitária para os médicos, de informática para o pessoal administrativo, de tipo técnico para os engenheiros etc. Atualmente, tem se mostrado mais importante desenvolver os conhecimentos relativos à utilização dos programas de informática, os instrumentos de análise do trabalho, a comunicação (principalmente em virtude da maior presença de estrangeiros de fora da Comunidade Europeia), as dinâmicas de grupo etc.

➠ *As mudanças de qualificação de vários operadores.* Isso envolveu, em particular, os médicos da sede central e dos distritos. Por exemplo, os médicos da sede estão hoje mais voltados para atividades que exigem conhecimentos teóricos e epidemiológicos, enquanto conhecimentos operacionais caracterizam o nível dos distritos; os médicos dos distritos, por sua vez, devem assumir atividades específicas novas (tais como as de higiene das edificações sanitárias) e não mais as atividades de higiene ambientais (que exigiam conhecimentos diferentes).

➠ *A maior necessidade de competências em informática, por parte de todos os operadores: administrativos, médicos e operadores sanitários.* A utilização dos meios de comunicação digital e dos bancos de dados em rede intensificou-se em decorrência, principalmente, da menor necessidade de deslocamento pelo território.

➠ *Novos constrangimentos ambientais, posturais e de utilização de equipamentos de trabalho em escritório*, em particular para os operadores centrais, seja por causa da informatização, seja por causa da redução das atividades de campo.

Esses aspectos do constrangimento organizacional dos processos de trabalho, provenientes da transformação do serviço, levaram também a modificações dos possíveis riscos e danos. Assim, graças à modificação das atribuições institucionais (por exemplo, a transferência das atividades de higiene ambiental para outra unidade da região) foi possível constatar uma redução dos riscos químicos e físicos tradicionais, tanto para os operadores centrais do serviço quanto para os operadores dos distritos. Em compensação, a análise evidenciou um aumento do risco de *burn-out*, em particular como consequência da variabilidade das atribuições, da separação entre atividades centrais e atividades dos distritos, das escolhas de coordenação, da definição incerta das qualificações e dos próprios objetivos de trabalho[22].

---

[22] Ressalta-se o *burn-out* em função da alta responsabilidade social dessas atividades, que se aproximam portanto daquelas estudadas pela literatura sobre o assunto. Ver: CHERNISS, C. *Staff burnout. Job stress in the human service.* Beverly Hills: Sage Publications Inc., 1980; MASLACH, C.; JACKSON, S. E. The measurement of experienced burnout. *Journal of Occupational Behaviour*, n. 2, pp. 90-113, 1981; BORRITZ, M. et al., Psychosocial work characteristics as predictors for burnout: findings from 3-year follow up of the P.U.M.A. study, *JOEM*, v. 47, n. 10, pp. 1015-1025, 2005.

Atualmente, os operadores do serviço avaliam escolhas organizacionais alternativas nos diversos processos de trabalho, bem como as possíveis consequências para o bem-estar por grupos de trabalhadores e profissões, seguindo o procedimento já usado no primeiro período de análise e (re)concepção. O objetivo é, como da primeira vez, uma melhor congruência das escolhas de organização do serviço, destinada a melhorar ao mesmo tempo sua eficácia, eficiência e qualidade e, principalmente, o bem-estar dos sujeitos envolvidos.

Discussão

Apresentamos e comentamos algumas partes da análise do trabalho visando à prevenção que foi desenvolvida ao longo de mais de duas décadas em um serviço sanitário. Elas nos serviram como exemplo da abordagem do Programa "Organization and Well-being". O objetivo desta exposição não nos leva, em seu final, a apresentar conclusões, mas a estimular uma discussão que desejamos a mais aberta e ampla possível. Acreditamos que várias questões deveriam nortear essa discussão.

Uma primeira série de questões pode estar relacionada com a implementação de uma abordagem de análise do trabalho capaz de buscar e realizar a prevenção primária. Como já foi mencionado, normas legais prescrevem uma abordagem desse tipo, e dados cada vez mais contundentes relativos à falta de saúde e segurança nos locais de trabalho a exigem com premência. No entanto, não encontramos, até hoje, nas várias disciplinas que desenvolvem análises do trabalho e tratam das relações entre trabalho e saúde, propostas satisfatórias nesse sentido. Acreditamos que o que se opõe à busca da prevenção primária nas abordagens da medicina e do direito do trabalho, da psicologia e da sociologia do trabalho, bem como da ergonomia, é, sobretudo, uma *concepção da organização* inadaptada ao objetivo que essas modalidades de ação pretendem alcançar. Por outro lado, podemos documentar que a concepção da organização enquanto *agir organizacional* vem permitindo ao Programa "Organization and Well-being" obter, desde a década de 1980, resultados de prevenção primária apreciáveis nos mais diversos setores. Consideramos necessário refletir sobre a resistência manifestada pelas disciplinas mencionadas quanto à adoção de uma visão da organização, adaptada à busca de prevenção. Caberia, igualmente, interrogar-se sobre a possibilidade de alcançar a prevenção primária por outras vias que a da reflexão sobre o agir organizacional.

Uma segunda série de questões pode dizer respeito à relação entre "pesquisador" e "objeto da pesquisa", usando uma linguagem difundida no debate metodológico das ciências humanas e sociais. As diferentes abordagens relativas à análise do trabalho são, em geral, favoráveis a um papel ativo ou participativo dos sujeitos-objetos da análise. Na realidade, porém, a capacidade que os sujeitos têm de analisar seu próprio trabalho é posta em dúvida, ou mesmo negada, pela presença sempre reafirmada do pesquisador. Uma das características fundamentais da abordagem do Programa "Organization and Well-being", ao contrário, é o fato que a análise – com suas consequências sobre a transformação e nova concepção dos processos de trabalho – é inteiramente realizada pelos próprios sujeitos e sob o seu controle. Parece-nos que seria interessante interrogar-se sobre as razões que podem impedir – e sobre aquelas que podem permitir – um papel verdadeiramente ativo dos sujeitos na análise.

Uma terceira série de questões pode dizer respeito às possíveis colaborações entre a abordagem organizacional do Programa "Organization and Well-being" e outras abordagens de análise do trabalho que, mesmo tendo que abranger necessariamente o nível da organização, não o dominam por falta das competências específicas deste campo de estudo. Pensamos, em particular, em certas abordagens de análise clínica da atividade de trabalho e de medicina do trabalho. Não nos referimos a justaposições de análises diferentes, cada uma seguindo o seu percurso particular; pensamos em conexões diretas em um mesmo quadro de análise. É importante interrogar-se sobre os pressupostos epistemológicos que podem possibilitar esses encontros, sem dúvida, fecundos, e sobre as escolhas metodológicas que eles requerem. No âmbito do Programa, esse tipo de colaboração vem ocorrendo desde o início com uma abordagem compatível da medicina do trabalho. Outras possibilidades de encontro estão sendo estudadas[23]. A reflexão e as tentativas nessa direção só podem ser enriquecedoras.

Essas questões, com certeza, não são exaustivas, mas podem, sem dúvida, estimular uma discussão que nos parece vital para o objetivo, socialmente essencial, da prevenção no trabalho.

---

[23] Ver: FAÏTA, D.; MAGGI; B.*Un débat en analyse du travail*, cit.

Referências bibliográficas

BORRITZ, M. et al. Psychosocial work characteristics as predictors for burnout: findings from 3-year follow up of the P.U.M.A. study, *JOEM*, v. 47, n. 10, pp. 1015-1025, 2005.

CHERNISS, C. *Staff burnout. Job stress in the human service*. Beverly Hills: Sage Publications Inc., 1980..

DE LA GARZA, C.; MAGGI, B.; WEILL-FASSINA, A. Temps, autonomie et discrétion dans la maintenance d'infrastructures ferroviaires. *Actes du 33° Congrès de la SELF*, Paris, 1998. pp. 415-422.

DE LA GARZA, C.; WEILL-FASSINA, A.; MAGGI, B. Modalités de réélaboration des règles: des moyens de compensation des perturbations dans la maintenance d'infrastructures ferroviaires. *Actes du 34° Congrès de la SELF*, Caen, 1999. pp. 335-343.

ETIENNE, P.; MAGGI, B. Conception du travail sur les chantiers du bâtiment: avancées et reculs de la prévention. In: ZOUINAR, M.; VALLÉRY, G. LE PORT, M.-C. (eds.). *Ergonomie des produits et des services, Actes du 42° Congrès de la Société d'Ergonomie de Langue Française*, Saint-Malo. Toulouse: Octarès Éditions, 2007. pp. 625-634.

ETIENNE, P.; MAGGI, B. Santé et sécurité des utilisateurs des machines. Un cas de relation entre analyse organisationnelle et ergonomique. In: GAILLARD, I; KERGUELEN, A.; THON, P. *Ergonomie et Organisation du Travail*, Actes du 44° Congrès de la Société d'Ergonomie de Langue Française, Toulouse, 2009. pp. 237-243. Disponível em: <http://www.ergonomie-self.org/media/media 41146.pdf>. Acesso em: 29 jan. 2012.

FAÏTA, D.; MAGGi, B. *Un débat en analyse du travail. Deux méthodes en synergie dans l'étude d'une situation d'enseignement.* Toulouse: Octarès Editions, 2007.

MAGGI, B. [1984]. *Razionalità e benessere. Studio interdisciplinare dell'organizzazione.* Milano Libri ETAS, [1984] 1990.

MAGGI, B. La régulation du processus d'action de travail. In: CAZAMIAN, P.; HUBAULT, F.; NOULIN, M. (eds.). *Traité d'ergonomie.* Toulouse: Octarès Editions, 1996. pp. 637-662.

MAGGI, B. (ed.) *Manières de penser, manières d'agir en éducation et en formation.* Paris: PUF, 2000.

MAGGI, B. . *De l'agir organisationnel. Un point de vue sur le travail, le bien-être, l'apprentissage.* Toulouse: Octarès Editions, 2003. Edição portuguesa: *Do agir organizacional. Um ponto de vista sobre o trabalho, o bem-estar, a aprendizagem.* São Paulo: Blucher, 2006. Edição espanhola: *El actuar organizativo. Un punto de vista sobre el trabajo, el bienestar, el aprendizaje.* Madrid: Editorial Modus Laborandi, 2009.

MAGGI, B. *Bem-estar / Bienestar.* Laboreal, v. II, n. 1, p. 62-63, 2006. Disponível em: <http://laboreal.up.pt/>. Acesso em 29 jun. 2012.

MAGGI, B. *Organisation et bien-être. L'analyse du travail aux fins de prévention.* In: Terssac, G.; SAINT-MARTIN, C.; THIÉBAULT C. (coords.). *La précarité: une relation entre travail, organisation et santé.* Toulouse: Octarès Editions, 2008. pp. 193-206.

MASLACH C. Burn-out : a social psychological analysis. *Communication présentée à l'American Psychological Association,* S. Francisco, 1976.

MASLACH C.; JACKSON S.E. The measurement of experienced burnout. *Journal of Occupational Behaviour,* n. 2, 1981. pp. 90-113.

ROSENMANN R. H.; FRIEDMAN M. Association of specific behaviour pattern in women with blood and cardiovascular findings. *JAMA,* n. 24, 1961. pp. 1173-1184.

RULLI G.; MAGGI B. Training and Education for Prevention in Workplaces. A Case Study in the Services Sector. In: P. SEPPÄLÄ, T. LUOPAJÄRVI, T.; Nygård, C.H.; MATTILA, M. (eds.). *From Experience to Innovation. Proceedings of the 13th Congress of the IEA*, Tampere, Finnish Institute of Occupational Health, Helsinki, v. I, 1997. pp. 423-425.

RULLI G.; MAGGI, B.; CRISTOFOLINI, A.; DE NISI, G. Work Analysis in a Public Health Center: The Evaluation of a Training and Education Program. In: *Ergonomics for the New Millenium, Proceedings of the 14th Congress of the IEA*, San Diego, v. II, 2000. pp. 697-700.

RULLI G.; MAGGI B. Prescription, standardisation et prévention. Les normes ISO 9000 et la qualité dans le secteur sanitaire: une évaluation critique. In: EVESQUE, J.M.; GAUTIER, A.M.; REVEST, C.H.; SCHWARTZ, Y.; VAYSSIÈRES, J.L. (eds.), *Les* évolutions *de la prescription. Actes du 37° Congrès de la SELF*, Aix-en-Provence, 2002. pp. 85-91.

SELYE H. *Stress in Health and Disease*. Boston: Buterworths, 1976.